高等学校地图学与地理信息系统系列教材

GIS软件应用实验教程
——SuperMap iDesktop 10i

刘亚静　姚纪明　任永强　王晓红　编著

武汉大学出版社

图书在版编目(CIP)数据

GIS 软件应用实验教程:SuperMap iDesktop 10i/刘亚静等编著.—武汉:武汉大学出版社,2021.1(2024.2 重印)
高等学校地图学与地理信息系统系列教材
ISBN 978-7-307-21706-5

Ⅰ.G… Ⅱ.刘… Ⅲ.地理信息系统—高等学校—教材 Ⅳ.P208.2

中国版本图书馆 CIP 数据核字(2020)第 151504 号

责任编辑:鲍 玲　　责任校对:汪欣怡　　版式设计:马 佳

出版发行:武汉大学出版社　(430072　武昌　珞珈山)
（电子邮箱:cbs22@whu.edu.cn　网址:www.wdp.com.cn）
印刷:武汉图物印刷有限公司
开本:787×1092　1/16　印张:17　字数:414 千字
版次:2021 年 1 月第 1 版　2024 年 2 月第 4 次印刷
ISBN 978-7-307-21706-5　　定价:39.00 元

版权所有,不得翻印;凡购我社的图书,如有质量问题,请与当地图书销售部门联系调换。

前　言

地理信息科学是理论、技术与应用三者结合的学科，地理信息产业在半个多世纪以来取得了长足的发展，广泛应用于资源调查、环境评估、灾害预测、国土管理、城市规划、邮电通信、交通运输、军事公安、水利电力、公共设施管理、农林牧业、统计、商业金融等几乎所有领域。地理信息科学专业的培养目标要求学生具有较强的 GIS 软件操作能力，掌握空间数据输入、编辑、处理、分析和输出的基本功能，并通过实验课程的巩固和拓展理论课程的学习，强化学生理论联系实际的能力。

本教程主要采用 SuperMap iDesktop10i 操作软件进行 GIS 操作功能的讲解，结合 GIS 原理与应用的课程，围绕空间数据输入、空间数据存储与管理、空间数据处理与分析、图形可视化以及三维图制作等关键环节来组织实验内容，每个实验均有实验目的、背景、内容、步骤以及在实验过程应该注意的问题，能够给初学 GIS 软件的学生提供帮助。

本书内容分为 13 个实验，主要包括 SuperMap iDesktop 入门操作、空间数据源创建、栅格数据矢量化、属性表操作、空间数据编辑、空间数据转换与处理、专题图制作、地图符号制作、排版出图、矢量数据空间分析、栅格数据空间分析、三维数据显示与分析、综合案例分析等部分。全书以 GIS 技术方法、应用实例、实习操作为主线，以空间数据、空间分析、综合应用为重点，突出操作过程与方法。

本教程由华北理工大学矿业工程学院刘亚静主编，姚纪明、任永强、王晓红为副主编，初稿完成后由刘亚静统稿。具体分工如下：

刘亚静：编写实验一、二、三、四、五、六，并进行全书统稿；

姚纪明：实验七、八、九、十、十一；

任永强：实验十二；

王晓红：实验十三；

参与资料收集和整理工作的人员有：刘童、贺磊、王诚聪和闫超群。

特别感谢北京超图软件股份有限公司崔雪、辛宇、李卓一、夏帆等领导和技术人员给予的莫大帮助。

在本教程编写过程中，广泛参阅并引用了国内外有关文献资料，以及北京超图软件股份有限公司各种资料，还得到了诸多教师的帮助，在此表示感谢。

由于编者水平有限和时间仓促，书中难免会有不足和缺陷，在今后的教学和科研中，编者仍然会不断地充实教材内容，对教材中存在的错误和不当之处，恳请广大读者批评指正。

本书中的数据资源可在全国 GIS 高等教育门户网站-在线教育平台下载：http://onlinecourse.edugis.net/#/course/17bb405f64a94c15b4accbbcfc7d8c69

作　者

2020 年 5 月于唐山

目 录

实验一　SuperMap iDesktop 入门操作 ·· 1
  （一）实验目的 ·· 1
  （二）实验内容 ·· 1
  （三）实验数据 ·· 1
  （四）实验步骤 ·· 1
  （五）拓展练习 ·· 12

实验二　空间数据源创建 ·· 14
  （一）实验目的 ·· 14
  （二）实验内容 ·· 14
  （三）实验数据 ·· 14
  （四）实验步骤 ·· 14
  （五）拓展练习 ·· 21

实验三　栅格数据矢量化 ·· 22
  （一）实验目的 ·· 22
  （二）实验内容 ·· 22
  （三）实验数据 ·· 22
  （四）实验步骤 ·· 22
  （五）拓展练习 ·· 35

实验四　属性表操作 ·· 36
  （一）实验目的 ·· 36
  （二）实验内容 ·· 36
  （三）实验数据 ·· 36
  （四）实验步骤 ·· 36
  （五）拓展练习 ·· 48

实验五　空间数据编辑 ·· 49
  （一）实验目的 ·· 49
  （二）实验内容 ·· 49
  （三）实验数据 ·· 49

（四）实验步骤 ·· 49
　　（五）拓展练习 ·· 62

实验六　空间数据转换与处理 ·· 63
　　（一）实验目的 ·· 63
　　（二）实验内容 ·· 63
　　（三）实验数据 ·· 63
　　（四）实验步骤 ·· 63
　　（五）拓展练习 ·· 82

实验七　专题图制作 ··· 83
　　（一）实验目的 ·· 83
　　（二）实验内容 ·· 83
　　（三）实验数据 ·· 83
　　（四）实验步骤 ·· 83
　　（五）拓展练习 ·· 98

实验八　地图符号制作 ··· 99
　　（一）实验目的 ·· 99
　　（二）实验内容 ·· 99
　　（三）实验数据 ·· 99
　　（四）实验步骤 ·· 99
　　（五）拓展练习 ·· 116

实验九　排版出图 ··· 117
　　（一）实验目的 ·· 117
　　（二）实验内容 ·· 117
　　（三）实验数据 ·· 117
　　（四）实验步骤 ·· 117
　　（五）拓展练习 ·· 131

实验十　矢量数据空间分析 ·· 132
　一、缓冲区分析 ·· 132
　　（一）实验目的 ·· 132
　　（二）实验内容 ·· 132
　　（三）实验数据 ·· 132
　　（四）实验步骤 ·· 132
　　（五）拓展练习 ·· 140
　二、叠加分析 ··· 140

  （一）实验目的 140
  （二）实验内容 140
  （三）实验数据 140
  （四）实验步骤 140
  （五）拓展练习 144
 三、网络分析 144
  （一）实验目的 144
  （二）实验内容 144
  （三）实验数据 145
  （四）实验步骤 145
  （五）拓展练习 165

实验十一　栅格数据空间分析 167
 （一）实验目的 167
 （二）实验内容 167
 （三）实验数据 167
 （四）实验步骤 167
 （五）拓展练习 188

实验十二　三维数据显示与分析 189
 （一）实验目的 189
 （二）实验内容 189
 （三）实验数据 189
 （四）实验步骤 189
 （五）场景操作快捷键 226
 （六）拓展练习 227

实验十三　综合案例分析 228
 一、全球人口和资源分布特征分析 228
  （一）实验目的 228
  （二）实验内容 228
  （三）实验数据 228
  （四）实验步骤 228
  （五）拓展练习 239
 二、选址规划 240
  （一）实验目的 240
  （二）实验内容 240
  （三）实验数据 240
  （四）实验步骤 240

（五）拓展练习 ··· 249
三、海域表面温度插值与时空特征分析 ····································· 250
　（一）实验目的 ··· 250
　（二）实验内容 ··· 250
　（三）实验数据 ··· 250
　（四）实验步骤 ··· 250
　（五）拓展练习 ··· 262

参考文献 ··· 263

实验一　SuperMap iDesktop 入门操作

(一)实验目的

(1)熟悉 SuperMap iDesktop 操作界面的组成。
(2)掌握新工作空间的创建方法。
(3)掌握数据的加载。
(4)掌握地图的创建与地图的保存。
(5)掌握数据图层的基本操作。
(6)掌握属性表的使用。

(二)实验内容

(1)熟悉桌面版界面的基本结构框架。
(2)创建新的工作空间,打开、修改、保存以及关闭当前工作空间操作。
(3)创建数据源,掌握数据图层的基本操作,把工作空间中原有地图的图层复制到新建地图图层中。
(4)对数据源、数据集、地图及其属性表的基本操作。

(三)实验数据

(1)实验数据\实验一\China\China.smwu\China.udbx;
(2)实验数据\实验一\world\world.udbx。

(四)实验步骤

1. SuperMap iDesktop 操作界面的组成

(1)快速访问栏:界面左上角组织了常用的功能按钮,包含保存工作空间、常用的地图浏览工具、快速打开应用程序的本地目录等操作按钮。快捷打开桌面所在路径,方便快速定位桌面辅助资源所在位置,如示范数据、示例代码、帮助文档等。

(2)功能区:功能区是 Ribbon 风格界面的核心体现,功能区承载了具有一定功能的控件,如按钮、文本框、复选框、下拉按钮、颜色按钮等,这种功能组织方式更为直观、清晰,便于对功能的查找和使用。

(3)工作空间管理器:工作空间管理器是一个浮动窗口,它提供了一个可视化管理工作空间的场所,工作空间管理器按照工作空间本身的数据组织结构来管理应用程序中的工作空间,包括工作空间中的数据,即采用了树状管理层次,如图1-1所示。

（4）图层管理器：图层管理器是一个浮动窗口，用来管理地图窗口中的图层和场景窗口中的图层。

（5）地图窗口：用来可视化显示地理空间数据的场所，同时也是进行空间数据编辑的场所，地图窗口主要用来显示二维数据，所有的具有空间信息的二维数据集都可以添加到地图窗口中进行可视化显示和可视化编辑（属性数据是在属性窗口中显示和编辑的），可以同时添加多个数据集到地图窗口中显示，地图窗口中显示的所有内容为一个地图。另外，在地图窗口中还可以进行二维空间分析。

（6）地图窗口状态栏：地图窗口状态栏是地图视图底部的状态栏，用来显示地图实时缩放的比例尺、坐标值（X、Y值和经纬度值）、当前地图的坐标系名称以及地图窗口的中心点坐标。比例尺、坐标值、坐标系名称以及中心点均支持复制、粘贴等编辑操作。

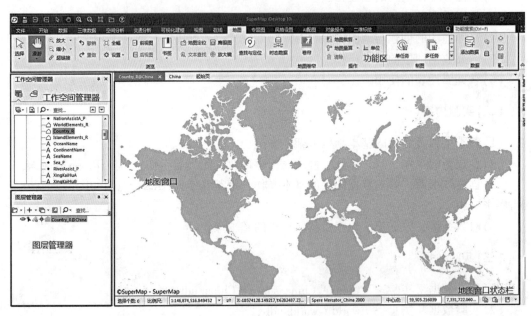

图 1-1

（7）功能搜索：功能搜索为全局搜索，搜索结果为当前工作空间中所有可见选项卡中的相关功能，列表中每项的显示内容为选项卡、分组、功能选项。便于通过关键字或者功能名称进行搜索，可快速查找到相关功能，如图 1-2 所示。

2. 新工作空间的创建

（1）启动 SuperMap iDesktop 软件的同时，就默认创建了 1 个新的工作空间，默认名称为【未命名工作空间】，如图 1-3 所示。

（2）在【开始】菜单的【工作空间】组中，点击【文件】，在弹出的对话框中选择目标工作空间文件即可打开工作空间。例如：打开实验数据 China→China.smwu，并在 China 的工作空间中查看有哪些地图和数据。

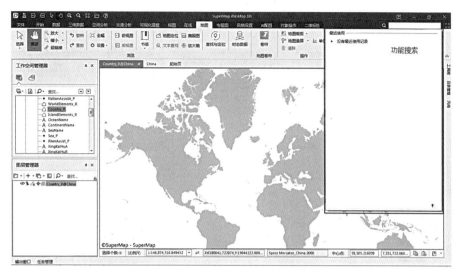

图 1-2

图 1-3

① 依次点击【开始】菜单→【工作空间】组→【文件】→【打开文件型…】，如图 1-4 所示。

图 1-4

② 在弹出的对话框中，选择 China.smwu，点击【打开】，如图 1-5 所示。

图 1-5

③ 在工作空间管理器中，展开【地图】节点，可以看到有 3 幅制作好的地图。双击任意一幅地图，即可在地图窗口查看地图，如图 1-6 所示。

图 1-6

④在工作空间管理器中，展开【China】数据源节点，双击任意数据集，可以查看对应的空间数据，如图 1-7 所示。

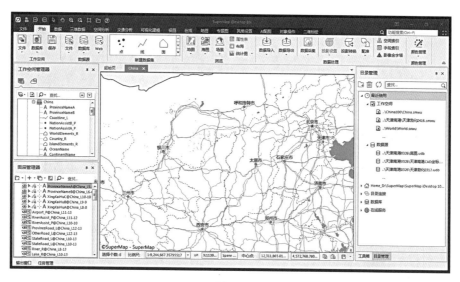

图 1-7

3. 数据的加载

加载数据的第一步是打开数据源,即可查看到数据源中的空间数据列表。以 China 示范数据为例进行操作(China \ China.udbx)。

(1)在工作空间管理器中,选中【数据源】,单击鼠标右键,在弹出的右键菜单中选择【打开文件型数据源…】,如图 1-8 所示,或者在【开始】菜单的【数据源】组中,点击【文件】按钮,在弹出的子菜单中选择【打开文件型…】,如图 1-9 所示,在弹出的对话框中,选择 China.udb,点击【打开】,如图 1-10 所示。

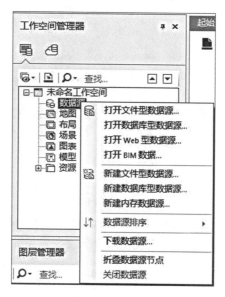

图 1-8

图 1-9

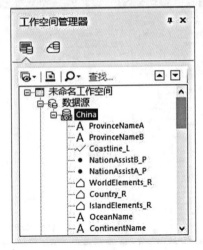
图 1-10

(2) 打开数据集,在地图窗口中显示数据。

例如:在工作空间管理器【China】数据源中,双击 Country_R 数据集,查看其中的面对象,如图 1-11 所示。

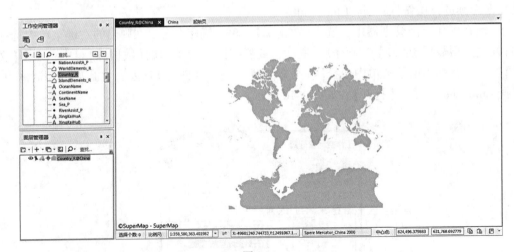
图 1-11

4. 地图创建与地图保存

在 SuperMap 系列软件中,将数据集添加到地图窗口中,被赋予了显示属性,如显示风格、专题地图等,就成为图层。一个或者多个图层按照某种顺序叠放在一块,显示在一个地图窗口中,就可以成为一幅地图。

利用实验提供的 world 数据,制作一幅世界地图。该地图展示了世界各个国家以及大洲大洋分布情况。

(1)同步骤 3 中操作,打开 world 数据源。

(2)在空间管理器的 world 数据源节点下,双击 world 数据集,将其添加到地图窗口。

① 选中 continent_T 数据集,单击鼠标右键,在弹出的菜单中选择【添加到当前地图】,将 continent_T 数据添加到地图中。

② 鼠标选中 Ocean_Label 数据集,将其拖拽到地图窗口中,效果如图 1-12 所示。

通过上述步骤,可以看到数据添加到地图有多种方法,可选择任意方法操作。

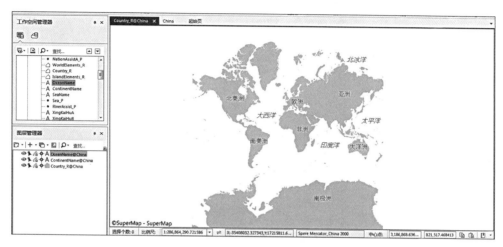

图 1-12

(3)对地图进行数据符号化的表达,在图层管理器中,选中"World@ world",单击鼠标右键,在弹出的对话框中点击【图层风格】,如图 1-13 所示,在弹出的【风格】浮动窗口中,为数据设置显示风格,如选择【茶色】的前景颜色,如图 1-14 所示。

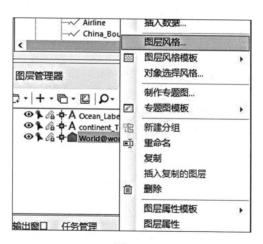

图 1-13

(4)保存地图。

① 在地图窗口空白处,单击鼠标右键,在弹出的菜单中选择【保存地图】。在【保存

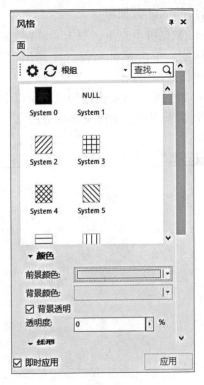

图 1-14

地图】对话框中,输入地图名称,如【world】,点击【确定】,如图 1-15 所示。

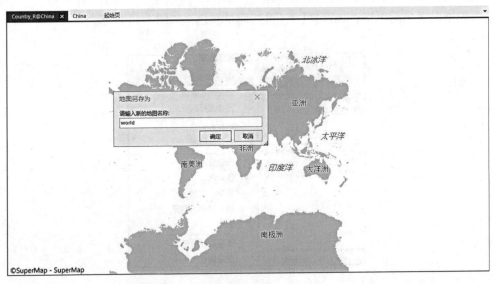

图 1-15

② 在【开始】菜单的【工作空间】组中,点击【保存】,或者右键单击工作空间菜单,选

择【保存工作空间】，设置工作空间保存路径，并设定工作空间名称为【World】，如图1-16、图1-17、图1-18所示。

图 1-16

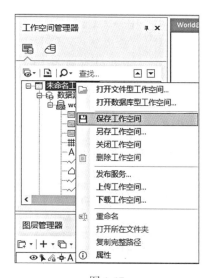

图 1-17

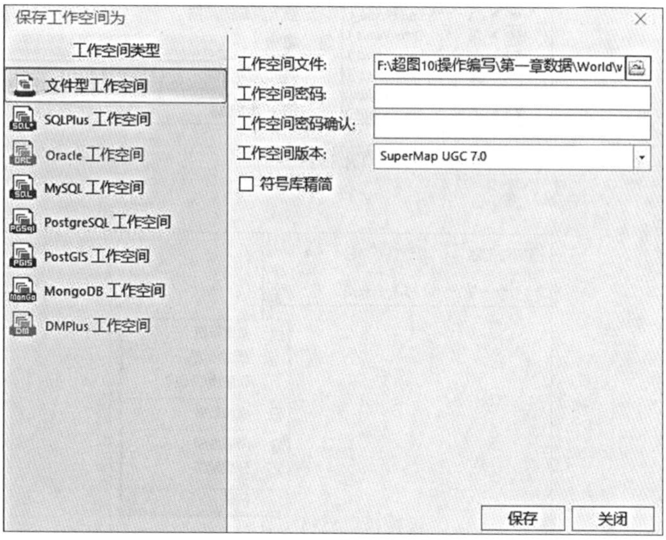

图 1-18

5. 数据图层的基本操作

在 SuperMap 中，图层是地图的重要组成部分，因此需要掌握关于图层的一些操作技能，为空间数据处理、编辑以及地图制图打好基础。

本节将介绍两个基本操作，包括移动图层顺序和复制图层。

（1）移动图层顺序。

① 方法：在图层管理器中，选中 1 个或多个图层，通过鼠标拖拽的方式，可以直接调整图层的显示顺序。图层的排序将直接影响地图显示效果。

② 调整图层显示顺序的一般原则：按图层类型来说，从上至下一般为文本→点→线→面，可避免压盖的情况，但还需要具体情况具体分析，有些是特意压盖的；另外，按照图层范围来说，一般从上至下为小→中→大。

（2）复制图层。

① 作用：在配置一幅新的地图时，可对已有地图中的图层进行复制，并将复制的图层粘贴到当前地图或其他地图中，粘贴的图层会保留原图层的风格和图层属性，可重复使用配制好的图层风格，提高制图效率。

② 方法：图层的复制粘贴支持 Ctrl+C、Ctrl+V 键盘操作，也支持鼠标右键的【复制】和【粘贴】操作，如图 1-19、图 1-20 所示。

图 1-19

图 1-20

6. 属性表的使用

（1）空间数据属性表的查看。浏览空间数据的属性信息，主要是浏览数据集的属性表以及纯属性数据集的属性表数据。在工作空间管理器中，右键单击选中要浏览属性表数据的数据集，在弹出的右键菜单中选择【浏览属性表】项，将弹出的属性表窗口可显示该数据集的属性表，如图1-21所示，图1-22是浏览各省的省会城市。

图1-21

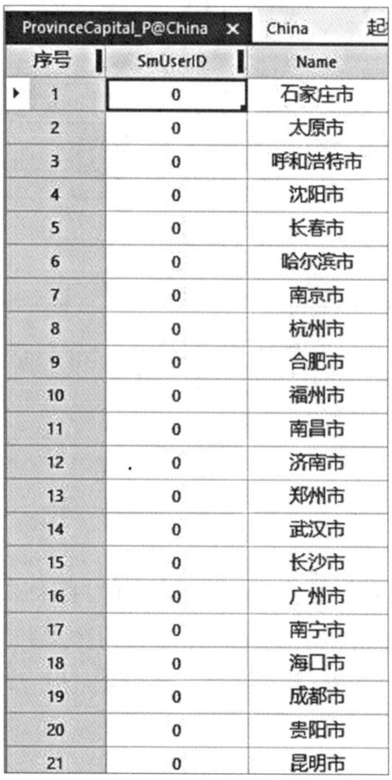

图1-22

（2）对空间数据属性表的操作。在 GIS 软件的属性操作模块中，支持对属性表的刷新、排序、定位、统计及更新列等功能，便于对属性表进行管理。

例如：基于实验数据 China.udbx，为中国各省、直辖市和特别行政区的面积进行排名。

① 打开 Province_R 的属性表。在工作空间管理器中，选择 Province_R 数据集，右键单击【浏览属性表】。

② 单击左下角的【隐藏系统字段】，使隐藏的字段显示出来。

③ 选中 SmArea 列，在【属性表】菜单中，单击右键，选择【降序】，如图 1-23 所示。

（3）浏览属性表，即按照面积值，将各省份、直辖市和特别行政区的面积排名列出。

图 1-23

（五）拓展练习

演示与练习的内容：
使用 SuperMap iDesktop 快速创建一幅全国各省行政区划图，内容要求包括：
（1）以全国各省的行政区划面（Province_R）为底图，并将行政区划面统一配置为灰色；
（2）通过复制 China 地图中的图层，将各省名称、国界线、各省行政区划在地图中显示出来：
Capital_P@China_L4-10；
ProvinceNameA@China_L5-5；

Capital_P@China_L4-5；

BorderA_L@China_L1-4；

BorderA_L@China_L5-7。

练习数据：示范数据 China（安装目录\sampleData\China\China.smwu）。

实验二 空间数据源创建

(一) 实验目的

(1) 掌握文件型数据源创建的方法。
(2) 掌握空间数据库型数据源的创建及使用方法。

(二) 实验内容

(1) 在 SuperMap iDesktop 中创建文件型数据源,并为数据源设置坐标系。
(2) 在新建数据源下新建数据集,根据数据集的需要在属性结构中增添属性字段。
(3) 将文件型数据源中的数据导入 Oracle 数据库,并进行空间数据在 GIS 软件中的组织形式查看,以及空间数据在关系型数据库中的组织形式查看。

(三) 实验数据

(1) 实验数据 \ 实验二 \ TIFF \ TIFF. tif;
(2) 实验数据 \ 实验二 \ Campus \ Campus. udbx。

(四) 实验步骤

1. 文件型数据源创建

(1) 新建 data. udbx。在工作空间管理器中,右键单击【数据源】节点,在右键菜单中选择【新建文件型数据源...】。在弹出的对话框中,指定数据源的存储目录,并将数据源文件命名为【data】,如图 2-1、图 2-2 所示。

图 2-1

图 2-2

（2）导入 TIFF.tif 到 data 数据源中。在工作空间管理器中，右键单击 data 数据源，在右键菜单中选择【导入数据集】。在弹出的对话框中，通过左上角的【添加文件】按钮，弹出【打开】对话框，在该对话框中定位到要导入的数据所在的路径，将其导入到 data 数据源中，如图 2-3、图 2-4 所示。

图 2-3

（3）为导入的 TIFF 数据集设置坐标系（WGS 1984）。在工作空间管理器中，右键单击 TIFF 数据集，在右键菜单中选择【属性】。在弹出的【属性】面板中，点击坐标系选项，点击【重新设定坐标系】按钮，在下拉列表中，选择 GCS_WGS 1984 坐标系，如图 2-5 所示。

（4）新建线数据集 RoadLine。在工作空间管理器中，右键单击 data 数据源，在右键菜单中选择【新建数据集】。在弹出的【新建数据集】对话框中，设置目标数据源为【data】，

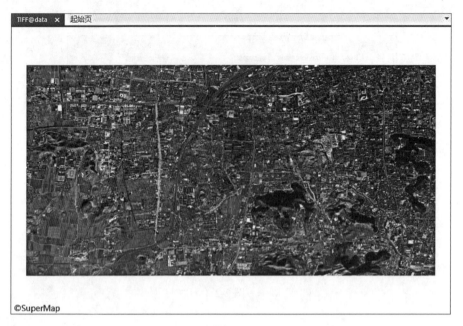

图 2-4

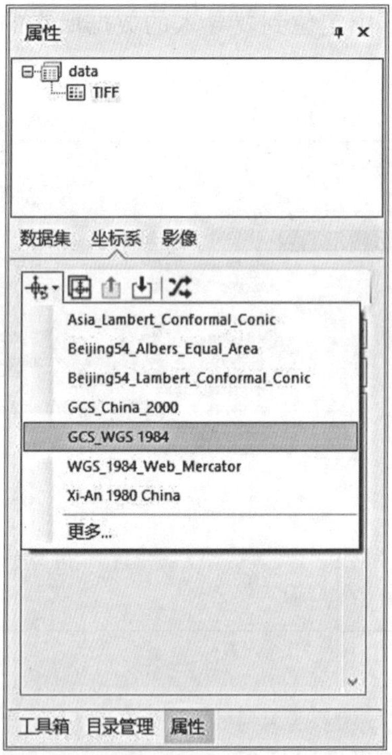

图 2-5

创建类型为【线】,新建的数据集名称为【RoadLine】,坐标系为【GCS_WGS 1984】,如图 2-6 和图 2-7 所示。

图 2-6

图 2-7

（5）为线数据集 RoadLine 新建一个文本型字段 Type，为后续的数据采集做准备。在 RoadLine 数据集的属性面板中，单击【属性表】选项，点击添加按钮，创建一个新的属性字段，设置属性字段的名称为【Type】，类型为【文本型】，点击【应用】确认创建，如图 2-8 所示。

图 2-8

2. 空间数据库型数据源的创建与使用

Oracle 数据库环境配置，首先必须在服务器上安装 Oracle 数据库，启动数据库服务和监听服务，并配置本地 Net 服务名。

（注：关于 Oracle 数据库和 Oracle 客户端安装配置的具体步骤，请参考 Oracle 方面的技术书籍自行完成，本实验不再详细展开，本实验主要关注创建空间数据库的流程。）

1）Oracle 表空间创建

（1）首先打开 Oracle SQL * Plus，使用 Oracle 数据库安装时预定义的 system 用户身份登录，如图 2-9 所示。

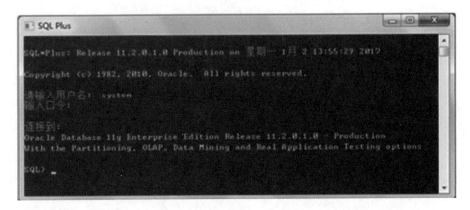

图 2-9

（2）登录成功后，创建一个表空间【sm_ds1】，并指定一个数据文件【H：\ OraData \ smdb. dbf】，数据文件初始化容量大小为 100M，当数据文件分配的空间已满时，一次自动扩展的大小为 50M，最大容量限制则为 1024M，命令为：" create tablespace sm_ds1 datafile' H：\OraData\smdb. dbf' size 100m autoextend on next 50m maxsize 1024m；"如图2-10所示。

图 2-10

2）Oracle 用户授权

（1）在表空间【sm_ds1】中创建一个名为【sm_user1】的用户，密码为【sm_pwd1】，命令为："create user sm_user1 identified by sm_pwd1 default tablespace sm_ds1；"如图 2-11 所示。

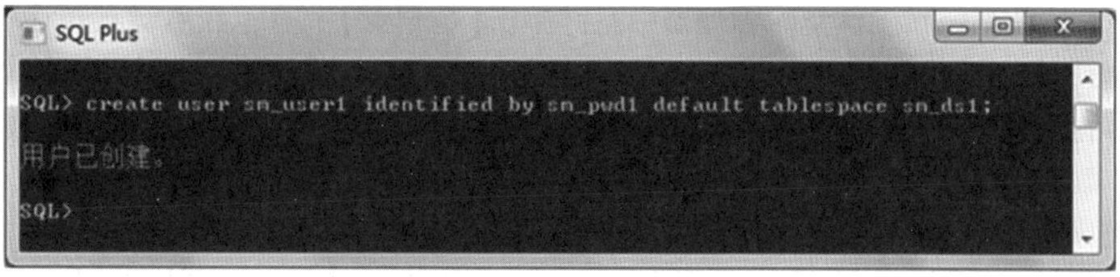

图 2-11

（2）为 sm_user1 赋予【connect】和【resource】权限，命令为："grant connect, resource to sm_user1"，如图 2-12 所示。

图 2-12

3）创建 Oracle 数据源

在工作空间管理器中右键单击【数据源】节点，在弹出的右键菜单中选择【新建数据库型数据源】项。在弹出的【新建数据库型数据源】对话框的左侧数据库类型列表中选择【OraclePlus】，在对话框右侧设置新建 OraclePlus 型数据源的必要信息，单击【创建】按钮即可创建相应的数据源。其中，实例名称为 Oralce 数据库的 SID 或客户端设置的 NET 服务器名称，用户名称和用户密码为上一步创建的 Oracle 用户名和密码（sm_user1、sm_pwd1），数据源别名是数据源的唯一标识，支持中英文，英文区分大小写，本实验命名为【Campus】，如图 2-13 所示。

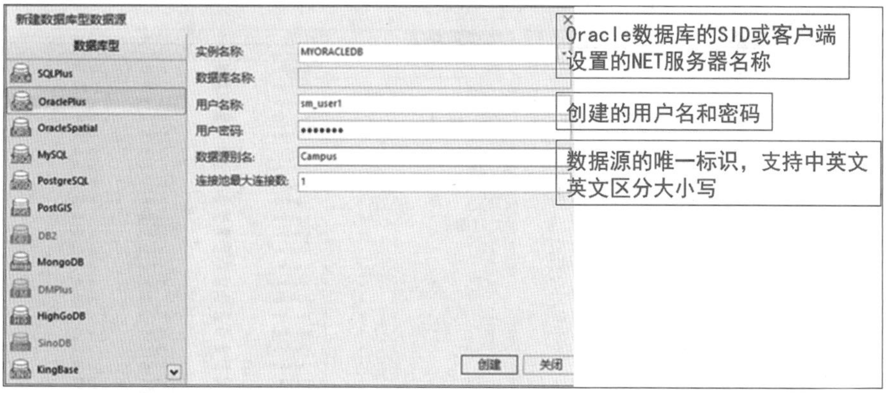

图 2-13

4）空间数据入库

（1）获取数据。在工作空间管理器中右键单击【数据源】节点，在右键菜单中选择【文件型数据源】，打开校园公共设施空间数据【Campus. udbx】。为避免与 Oracle 数据源【Campus】重名，系统将自动重命名该文件型数据源的别名为【Campus_1】。

（2）数据入库。在工作空间管理器中，选中【Campus_1】数据源，单击鼠标右键，在弹出的右键菜单中选择【复制数据集】，弹出【数据集复制】对话框。点击添加按钮，在弹出的对话框中将【Campus_1】中所有数据集选中，点击【确定】按钮。回到【数据集复制】对话框中，点击【全选】按钮，选中所有数据集，点击【统一设置】按钮，设置【目标数据源】为【Campus】，点击【确定】，点击【复制】按钮，完成空间数据入库，如图 2-14 所示。

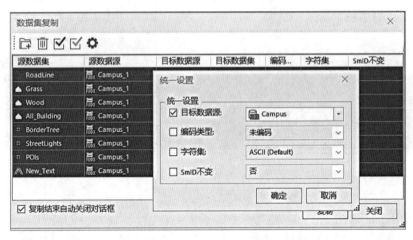

图 2-14

5）空间数据组织形式查看

（1）空间数据在 GIS 软件中的组织形式查看。在工作空间管理器中，可查看所有存储在 Oracle 数据源【Campus】中的数据（集）列表。双击任意数据集节点，例如行道树【BorderTree】，即可在地图窗口浏览其图形数据，右键单击任意数据集，在右键菜单中选择【浏览属性表】，可以查看对应属性信息，如图 2-15 所示。

序号	SmID	SmUserID	SmGeometry	Type	ID	RefreshTime
1	1	0	BinaryData	梧桐	2510001	2015年
2	2	0	BinaryData	梧桐	2510002	2016年
3	3	0	BinaryData	梧桐	2510003	2016年
4	4	0	BinaryData	梧桐	2510004	2014年
5	5	0	BinaryData	梧桐	2510005	2016年
6	6	0	BinaryData	梧桐	2510006	2015年
7	7	0	BinaryData	梧桐	2510007	2015年
8	8	0	BinaryData	梧桐	2510008	2016年
9	9	0	BinaryData	梧桐	2510009	2016年
10	10	0	BinaryData	梧桐	2510010	2014年
11	11	0	BinaryData	梧桐	2510011	2016年
12	12	0	BinaryData	梧桐	2510012	2016年
13	13	0	BinaryData	梧桐	2510013	2015年
14	14	0	BinaryData	梧桐	2510014	2015年
15	15	0	BinaryData	银杏	2510015	2015年
16	16	0	BinaryData	银杏	2510016	2016年
17	17	0	BinaryData	银杏	2510017	2016年
18	18	0	BinaryData	银杏	2510018	2016年
19	19	0	BinaryData	银杏	2510019	2015年
20	20	0	BinaryData	银杏	2510020	2016年
21	21	0	BinaryData	银杏	2510021	2014年

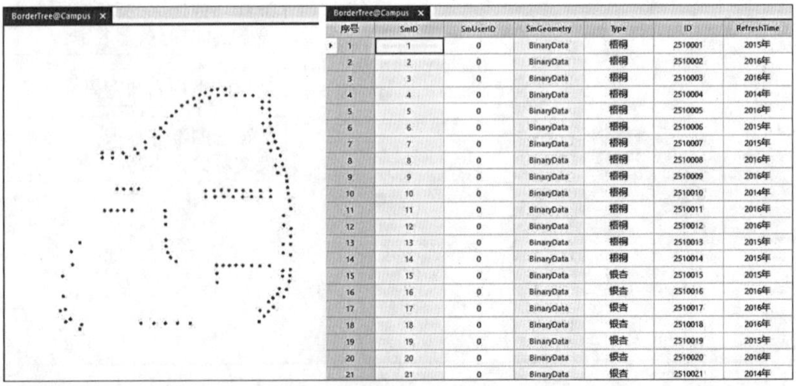

图 2-15

(2)空间数据在关系型数据库中的组织形式查看。在 Oracle SQL Developer 当中查看 sm_user1 用户下的表,可看到一个名为 SMREGISTER 的表,即矢量数据集注册信息表,用来集中管理矢量数据集的基本信息。点击数据选项卡,可查看 SMREGISTER 表当中的记录,其中的每一条记录都分别对应一个矢量数据集。以校园建筑物面数据集【All_building】为例,其对应的 Oracle 表为【SMDTV_4】。打开 Oracle 表【SMDTV_4】,表中存储了校园建筑物的空间信息以及属性信息。

(五)拓展练习

演示与练习的内容:

(1)新建命名为 Data 的数据源。

(2)导入练习数据中的 tiff 数据,设置坐标系为国家 2000 坐标系,新建树木点数据集、道路线数据集、教学楼建筑面数据集,且为点数据集设置属性字段名称、树高、树种;道路数据集设置路名称、路宽度、路材料;为教学楼面数据集创建名称、建筑用途、建筑层数字段。

(3)将文件型数据源的数据复制到创建好的空间数据库中。

练习数据存放位置:实验二文件夹。

实验三　栅格数据矢量化

(一)实验目的

(1)掌握配准的一般操作过程。
(2)掌握配准方式的选择。
(3)掌握在 SuperMap iDesktop 中，点、线、面绘制和矢量化操作的方法。

(二)实验内容

(1)在 SuperMap iDesktop 中，采用多种配准方式对图像进行配准。
(2)在导入或者新建的数据集中，分别进行常规性的点、线、面、文本的绘制以及参数化绘制。
(3)对于需要矢量化的栅格和影像数据，进行矢量化线以及矢量化面。

(三)实验数据

(1)实验数据\实验三\tif\地形图.tif;
(2)实验数据\实验三\配准\江苏省行政区划图.smwu;
(3)实验数据\实验三\栅格矢量化\IMAGE.jpg。

(四)实验步骤

1. 地图配准

根据获取控制点坐标方式的不同，可以将配准分为：单图层配准、参考图层配准和批量快速配准。

(1)单图层配准：单图层配准不需要参考图层，手动输入控制点的坐标进行地形图校正。比如进行地形图校正时，我们可以使用单图层配准，然后选取地形图中的格网坐标作为控制点，并输入它们真实的坐标值，进而完成地图的校正。

(2)参考图层配准：参考图层配准是通过使用参考图层来获取目标点的坐标，进而完成校正工作，多用于影像、图片、矢量的配准。

(3)批量快速配准：批量快速配准是用来对多个数据集同时进行配准，配准中需要有配准信息文件。这个配准信息文件是通过先进行单图层配准或是参考图层配准得到的。

1)单图层配准(以线性配准为例)

(1)在工作空间管理器中，新建文件型数据源【配准.udbx】，右键单击【配准

.udbx】节点，在右键菜单中选择【导入数据集...】，导入数据集【地形图.tif】新建配准，选择配准数据。地形图数据导入后，点击【开始】菜单下的【数据处理】→【配准】→【新建配准】，弹出选择配准数据对话框，如图 3-1 所示，添加待配准的地形图数据集，进入下一步。

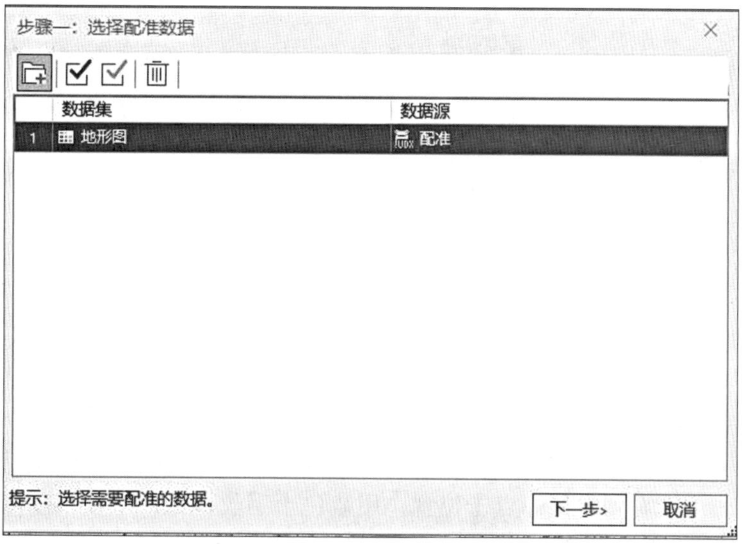

图 3-1

（2）参考数据是有正确地理坐标的数据，如果进行地形图配准，或是用 GPS 测量点作为参考数据，则不用添加参考数据，直接点击【完成】，弹出配准窗口，如图 3-2 所示。

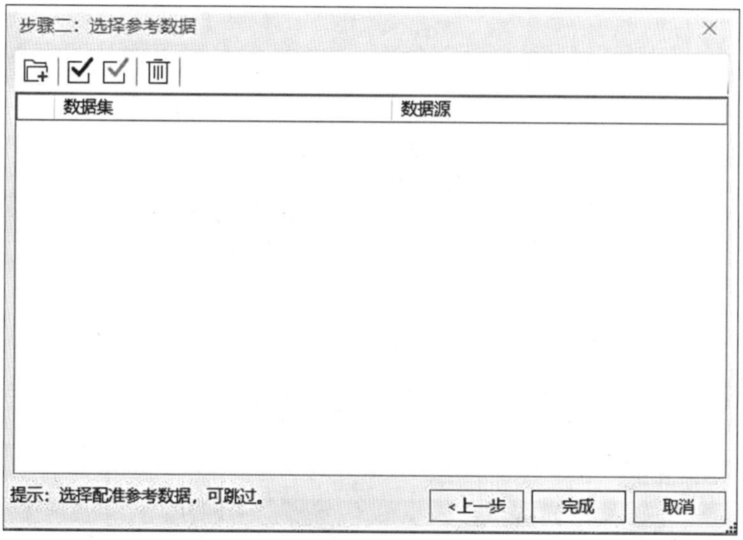

图 3-2

(3)在功能区【配准】选项卡的【运算】组中，选择配准算法。SuperMap iDesktop 提供了四种配准算法：线性配准(至少 4 个控制点)、二次多项式配准(至少 7 个控制点)、矩形配准(2 个控制点)和偏移配准(1 个控制点)，每一种配准算法对控制点数量的要求是不一样的，本示例中，选择线性配准，如图 3-3 所示。

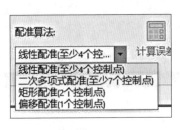

图 3-3

(4)在【浏览】组中，通过使用【放大地图】、【缩小地图】或者【漫游】按钮，将配准图层定位到某一特征位置。

(5)选取控制点。使用【配准】菜单下的【刺点】工具从配准窗口选取 4 个控制点。找准定位的特征点位置，点击鼠标左键，完成一次刺点操作。这里我们选择地图左上图廓点为第一个配准点。可以看到在鼠标点击位置，用蓝色十字丝标记(默认当前所刺的控制点为选中状态)。同时在控制点列表中，系统会自动给配准控制点编号，同时将其坐标值显示在控制点列表中，即源点 X 和源点 Y 两列中的内容。双击控制点列表，输入控制点(目标点)坐标值，如图 3-4 所示。

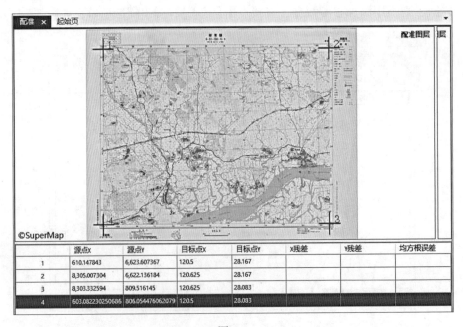

图 3-4

(6)计算误差。在功能区【配准】选项卡的【运算】组中，点击【计算误差】按钮，进行误差计算，同时在控制点列表中列出各个控制点的误差。这些误差包括 X 残差、Y 残差以及均方根误差，同时在配准窗口中的状态栏会输出总误差值，即各个控制点的均方根误差之和。如果地图的比例尺很小，误差就会很大。由于我们在配准时放大了地图才进行误差操作，所以配准误差很小，如图 3-5 所示。

	源点X	源点Y	目标点X	目标点Y	X残差	Y残差	均方根误差
1	610.147843	6,623.607367	120.5	28.167	0.000022	0.000018	0.000028
2	8,305.007304	6,622.136184	120.5	28.167	0.000022	0.000018	0.000028
3	8,303.332594	809.516145	120.625	28.083	0.000022	0.000018	0.000028
4	603.082230250636	806.054476062079	120.5	28.083	0.00002185362797	0.00001779768...	0.00002818401...

图 3-5

(7)执行配准。点击【配准】按钮执行配准，弹出【配准结果设置】对话框，如果是高精度影像配准，可以对结果数据集进行重采样以降低分辨率，勾选【结果重采样】，选择采样模式和采样像素，点击【确定】，如图 3-6 所示。配准的结果赋予了图片正确的空间坐标信息，可能会发生变形，这是正常现象。

图 3-6

(8)重新设定坐标系。配准结果数据集中数据的坐标值能够正常显示，但数据集的属性窗口中的坐标系信息仍然是平面坐标系无投影参数，需要再根据地形图右下角的坐标系信息，重新设定结果数据集的坐标系，如图 3-7 所示。此外，还可以在控制点列表上单击右键，选择导出配准信息，保存成以 .druf 为后缀名的文件，下次使用时直接加载就可以了，如图 3-8 所示。

2)参考图层配准

(1)新建配准，选择配准数据。在地形图数据导入后，点击【开始】菜单下的【数据处

图 3-7

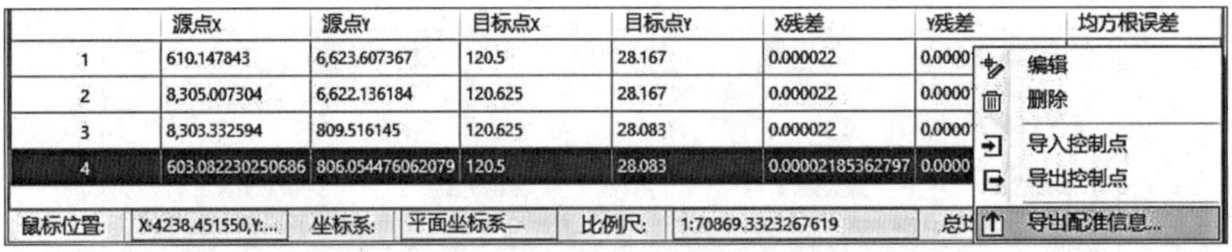

图 3-8

理】→【配准】→【新建配准】，弹出选择配准数据对话框，添加待配准的地形图数据集，进入【下一步】，如图 3-9 所示。

图 3-9

(2)选择配准参考图层数据,即有正确地理坐标的数据,点击【完成】,会弹出配准窗口,如图 3-10、图 3-11 所示。

图 3-10

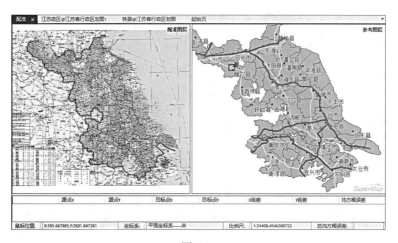

图 3-11

(3)选择配准方法。从配准操作工具栏的配准算法下拉列表框中选择一种算法。这里选择二次多项式配准,如图 3-12 所示。

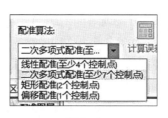

图 3-12

(4)在配准窗口中,对比浏览配准图层和参考图层,寻找这两个图层的特征位置的同名点。

(5)在【浏览】组中,通过使用【放大地图】、【缩小地图】或者【漫游】按钮,将配准图层定位到某一特征位置。

(6)在【控制点设置】中,点击【刺点】按钮,找准定位的特征点位置,点击鼠标左键,完成一次刺点操作,可以看到在鼠标点击位置,用蓝色十字丝标记(默认当前所刺的控制点为选中状态)。同时在控制点列表中,系统会自动给配准控制点编号,同时将其坐标值显示在控制点列表中,即源点 X 和源点 Y 两列中的内容。这里我们尽可能地选择铁路与公路交汇点进行比对选点。

(7)在【浏览】组中,通过使用【放大地图】、【缩小地图】或者【漫游】按钮,将参考图层定位到在配准图层刺点的同名点位置。

(8)同样的操作方法,在参考图层的同名点位置,点击鼠标左键,完成参考图层的一次刺点操作。可以看到在鼠标点击位置,用十字丝标记(默认当前所刺的控制点为选中状态)。在控制点列表中,系统会自动给配准控制点编号,同时将其坐标值显示在控制点列表中,即目标点 X 和目标点 Y 两列中的内容,如图 3-13 所示。

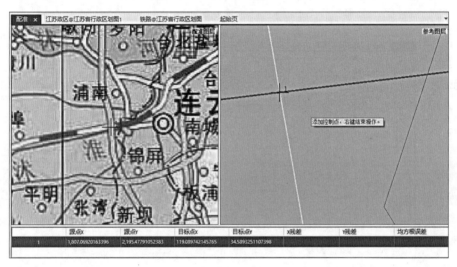

图 3-13

(9)重复(4)~(8)步的操作过程,完成多个控制点的刺点操作。根据此次实例中采用的配准算法,至少需要选择 7 个控制点才能保证完成配准操作,所以一共选择 7 个控制点,如图 3-14 所示。

(10)计算误差。在功能区【配准】选项卡的【运算】组中,点击【计算误差】按钮,进行误差计算,同时在控制点列表中列出了各个控制点的误差。这些误差包括 X 残差、Y 残差以及均方根误差,同时在配准窗口的状态栏会输出总误差值,即各个控制点的均方根误差之和,如图 3-15 所示。

可以看到,各个控制点的均方根误差都控制在一个像元以内,能够满足配准精度的

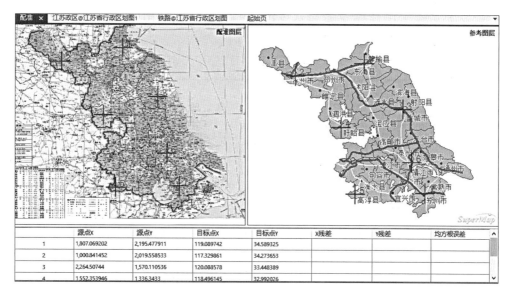

图 3-14

	源点X	源点Y	目标点X	目标点Y	X残差	Y残差	均方根误差
1	1,807.069202	2,195.477911	119.089742	34.589325	0.003992	0.001392	0.004228
2	1,000.841452	2,019.558533	117.329861	34.273653	0.000932	0.000325	0.000987
3	1,712.296579	412.088285	118.861237	31.325924	0.00859	0.002995	0.009097
4	2,264.50744	1,570.110536	120.088578	33.448389	0.000091	0.000032	0.000097
5	1,552.353946	1,336.3433	118.496145	32.992026	0.001179	0.000411	0.001248
6	2,573.464021	166.319964	120.727462	30.864985	0.00364	0.001269	0.003855
7	2,556.25871754293	847.160631463282	120.691219085138	32.1137148376939	0.00808297287103	0.002818403294377	0.0085602481018

图 3-15

要求。

(11) 在控制点列表中的任意位置单击鼠标右键，在弹出的右键菜单中选择【导出配准信息】命令，将所有控制点的配准信息保存为配准信息文件(* .druf)，如图 3-16 所示。下次使用只需要将已保存的配准信息文件导入即可。

图 3-16

(12) 配准。在【配准】选项卡的【运算】组，点击【配准】按钮，对配准图层执行配准操作。

如果进行矢量配准，并且配准方式为线性配准或二次多项式配准，在配准结束后，应用程序会在输出窗口中显示配准转换公式及各个参数值，以便用户查阅，如图3-17所示。

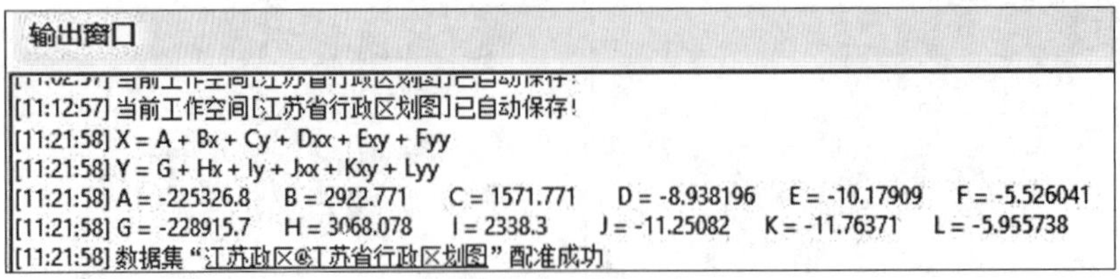

```
输出窗口
[11:02:57] 当前工作空间[江苏省行政区划图]已自动保存!
[11:12:57] 当前工作空间[江苏省行政区划图]已自动保存!
[11:21:58] X = A + Bx + Cy + Dxx + Exy + Fyy
[11:21:58] Y = G + Hx + Iy + Jxx + Kxy + Lyy
[11:21:58] A = -225326.8   B = 2922.771   C = 1571.771   D = -8.938196   E = -10.17909   F = -5.526041
[11:21:58] G = -228915.7   H = 3068.078   I = 2338.3    J = -11.25082   K = -11.76371   L = -5.955738
[11:21:58] 数据集 "江苏政区@江苏省行政区划图" 配准成功
```

图 3-17

3) 批量快速配准

点击【开始】→【数据处理】→【配准】→【快速配准】，打开快速配准对话框，加载一个或多个待配准的数据集，加载配准文件，然后执行配准，如图3-18所示。

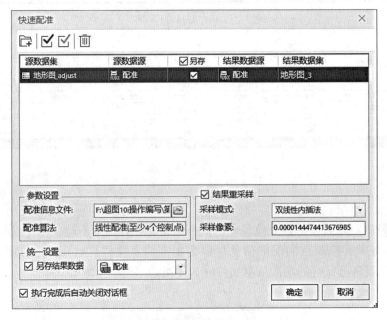

图 3-18

配准信息文件是事先采用单图层或参考图层配准时，导出得来的 .druf 文件。如果事先配准一个图层时采用的算法是线性配准，配准信息文件中记录的算法就是线性配准，那么批量快速配准的算法也是线性配准，如图3-19所示。

2. 对象绘制

1) 绘制点

将点数据集添加到地图窗口中或者新建一个点数据集，使点图层处于编辑状态，单击【对象操作】选项卡→【对象绘制】组→【点】按钮，如图3-20所示，然后在地图窗口上单

图 3-19

击鼠标左键,即可绘制点对象。当点处于选中状态时,呈现绿色高亮显示,如图 3-21 所示。

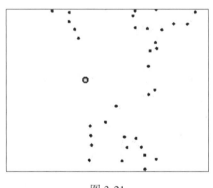

图 3-20

图 3-21

2)绘制线

绘制线有两种方式:一是直接绘制,可以绘制直线、折线等。绘制多边形,也是由线围成的闭合图形;二是参数化绘制线。开启【对象操作】选项卡→【对象绘制】组→【绘制设置】→【参数化绘制】选项,即可通过输入坐标值、长度、角度绘制线。将鼠标移动到地图窗口中,可以看到随着鼠标的移动,其后的参数输入框中会实时显示当前鼠标位置的坐标值。按键盘上的 Tab 键,可以切换参数输入框,输入参数,绘制想要的线。通过输入长度、角度参数绘制直线时,按住 Shift 键只能绘制水平、垂直或者 45°方向的直线。

输入坐标值:通过坐标点参数来绘制点、直线、折线、曲线、圆、多边形等,其中包括对象的起点、中点、转折点、终点等坐标,如图 3-22、图 3-23 所示。

输入长度值:通过输入对象长度参数绘制来绘制直线、折线、多边形、扇形、圆、圆弧等,包括限度长度、边长、半径、直径等。

输入角度值：通过输入角度值来绘制对象，可确定绘制对象方向和起始角度，如图 3-24 所示。

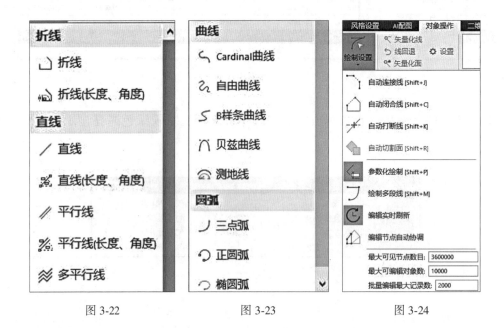

图 3-22　　　　　　图 3-23　　　　　　图 3-24

3) 绘制面

绘制面也有两种方式：一种是直接绘制面，另一种是参数化绘制面，如图 3-25、图 3-26、图 3-27 所示。这里介绍如何绘制正方形和正圆。在绘制矩形和椭圆的时候，按住键盘上的 Shift 键，就可以绘制出正方形和正圆了。

图 3-25　　　　　　图 3-26　　　　　　图 3-27

4)绘制文本

绘制文本也有两种方式:一种是直接绘制文本,另一种是沿线注记。直接绘制文本是点击【对象绘制】组中的【文本】按钮,在地图窗口中单击左键,在光标处直接输入文字,再单击左键完成文本的绘制。选择【对象操作】选项卡→【对象绘制】组→【文本】按钮→【沿线注记】选项,先绘制线的形状,单击右键结束,再弹出沿线注记内容对话框,输入注记内容,单击【确定】结束,如图3-28、图3-29所示。

图3-28

图3-29

3. 栅格矢量化

这里介绍的栅格矢量化实际上是交互式半自动化栅格矢量化,可以进行矢量化线和矢量化面。比如,需要矢量化地形图中的等高线,那么就可以使用矢量化线功能。在进行矢量化前,需要先打开要进行矢量化的栅格或是影像数据,然后在这个地图窗口中加载用于绘制矢量线或矢量面的数据集,再进行参数的设置。

点击【对象操作】选项卡→【栅格矢量化】组→【设置】按钮,如图3-30所示,弹出栅格矢量化对话框,如图3-31所示,包括以下各参数:

图3-30

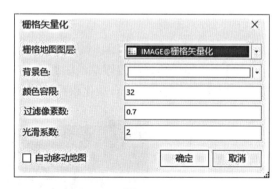

图3-31

(1)栅格地图图层:设置用于栅格矢量化的栅格地图。

(2)背景色:设置栅格地图的背景色。背景色默认为白色。如果栅格地图图层不是白色,有背景色,那么可以在色板中选择地图的底色。

(3)颜色容限：栅格地图的颜色相似程度。如果地图底色是白色，那么颜色容限设为0，如果地图有颜色，那么需要设置颜色容限，表示 RGB 颜色任一分量的误差在此容限内，则应用程序认为可以沿此颜色方向继续进行矢量化。取值范围为[0-255]，默认值为 32。

(4)过滤像素数：设置去锯齿过滤参数，默认值为 0.7。去锯齿过滤参数越大，过滤掉的点越多。

1)矢量化线

(1)新建数据源【栅格矢量化.udbx】。在工作空间管理器中，右键单击【数据源】节点，在右键菜单中选择【新建文件型数据源…】。在弹出的对话框中，指定数据源的存储目录，并为数据源文件命名为【栅格矢量化】。

(2)右键单击数据源【栅格矢量化】，选择【导入数据集…】，在弹出的对话框中，指定要加载的【IMAGE】影像数据，并加载到地图窗口。

(3)点击【开始】选项卡→【新建数据集】组→【线】，设置数据集名称为【道路】，设置添加到地图为【当前地图】，如图 3-32 所示。

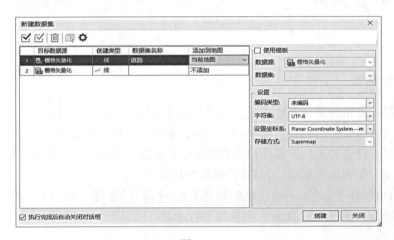

图 3-32

(4)设置当前图层【道路】为可编辑状态，点击【对象操作】选项卡→【栅格矢量化】组→【矢量化线】，移动鼠标到需要跟踪的图像线上，单击鼠标左键开始绘制该图像线。

(5)双击鼠标左键，会进行半自动化跟踪绘制，单击右键结束绘制，如图 3-33 所示。

图 3-33

2)矢量化面

(1)点击【开始】选项卡→【新建数据集】组→【面】,设置数据集名称为【建筑物】,设置添加到地图为【当前地图】。

(2)设置当前图层【建筑物】为可编辑状态,点击【对象操作】选项卡→【栅格矢量化】组→【矢量化面】,将鼠标移动到需要矢量化的面对象处,单击鼠标左键,则经过此点的面对象会被绘制出来,如图3-34所示。

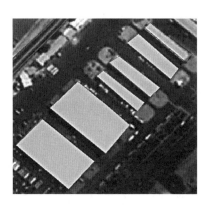

图 3-34

(五)拓展练习

根据文件夹中提供的影像数据和矢量数据,练习点、线、面绘制操作,且采集自己学校校园的影像数据或者其他类型的栅格数据,以及部分参考点矢量数据,利用参考点矢量数据进行影像数据配准,进行校园内空间对象的几何抽象,得到点、线、面等几何类型的空间数据类型,进行点、线、面的栅格数据矢量化,以完成整个校园的栅格数据矢量化。

实验四 属性表操作

(一) 实验目的

(1) 熟悉 GIS 中空间数据和属性数据的关系。
(2) 掌握在 SuperMap iDesktop 中增加及删除属性字段和记录的方法。
(3) 掌握在 SuperMap iDesktop 中修改属性数值的方法。

(二) 实验内容

(1) 练习打开属性表对属性信息进行浏览以及定位属性记录操作。
(2) 练习属性表的删除行、添加行、更新列等编辑操作。
(3) 练习查看和修改几何对象、文本对象操作。

(三) 实验数据

(1) 实验数据 \ 实验四 \ Changchun \ Changchun. smwu；
(2) 实验数据 \ 实验四 \ Edit \ 地籍标准库 . udb。

(四) 实验步骤

【属性表】选项卡是上下文选项卡，如图 4-1 所示，其与矢量数据集的属性表或纯属性数据集进行绑定，只有应用程序中当前活动的窗口为矢量数据集的属性表或为纯属性数据集时，该选项卡才会出现在功能区上。

【属性表】选项卡主要提供了矢量数据集的属性表或纯属性数据集的属性信息输出功能、浏览功能和统计分析功能，这些功能分别被组织在【属性表】选项卡相应的组中。

图 4-1

1. 打开属性表

在本系统中，可以通过多种操作途径打开属性表(也就是打开一个属性窗口)。既可以打开当前地图窗口的任意图层的关联属性表，也可以打开一个数据集对应的属性表而无需打开地图窗口。

1)关联浏览属性数据

对于当前地图窗口的任意图层来说,可以通过多种方式打开一个与之相关联的属性表。属性表中的记录通过唯一的 ID 与地图窗口相对应图层的相应对象——关联。

操作方式一:

(1)准备数据,打开工作空间 Changchun. smwu。

(2)在图层管理器中,选中需要浏览属性数据的图层名【RoadLine1】,单击鼠标右键。

(3)在弹出的快捷菜单中选择【关联浏览属性数据】。如图 4-2 所示,下表为与图中全部对象关联的属性表。

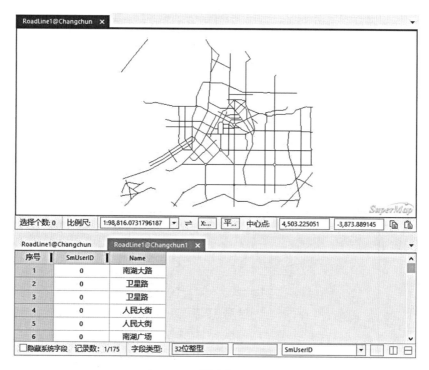

图 4-2

操作方式二:

(1)准备数据,打开工作空间 Changchun. smwu,添加数据集【RoadLine1】到地图窗口。

(2)在当前地图窗口中选择需要浏览属性的对象(多于1个),单击鼠标右键。

(3)在弹出的快捷菜单中选择【关联浏览属性】(图 4-3),则系统会打开属性窗口,此时仅显示选中对象的属性数据,如图 4-4 所示。(注:灰色对象为选中对象。)

系统打开一个与图层相关联的属性表后,在属性窗口中选中某一记录,系统会在地图窗口中高亮闪烁显示与之相关联的对象;而在地图窗口中选中任一对象,系统同样会在属性窗口中高亮显示与对象相关联的记录属性。

2)浏览属性数据

对于当前工作空间中的任一数据集,系统都可以打开对应的属性表而无须打开地图窗口。

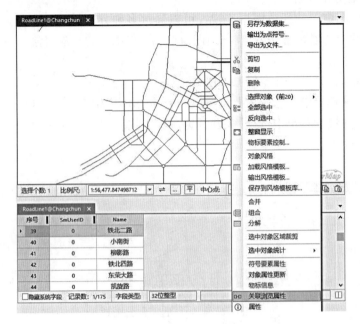

图 4-3

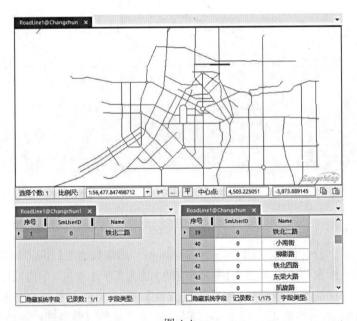

图 4-4

具体操作步骤如下：
(1) 准备数据，打开工作空间 Changchun.smwu。
(2) 在工作空间管理器中，选择需要浏览属性的数据集名【RoadLine1】，单击鼠标右键。

(3)在弹出的快捷菜单中选择【浏览属性表】,如图4-5所示。
(4)使用这种方式打开的属性表,只能对其进行浏览查询等操作,而不能将其与地图中对应的图层相关联。

图 4-5

3)定位属性记录

在系统中浏览属性表,可以通过属性工具栏的首记录、尾记录、上条记录、下条记录按钮快速查找定位到属性表的第一条记录、最后一条记录以及当前记录的上一条记录和下一条记录。如果知道某条记录的编号,还可以通过【查询记录】按钮,直接找到需要的记录。另外,由于在 GIS 工程当中,属性表的记录是很多的,而且有许多的字段,因此本系统为用户提供了多个定位记录的快捷键,见表4-1,以便用户快速地查找到指定记录。

表 4-1

快捷键	用　　途
Home	对于某条记录,选中第一个字段单元格
End	对于某条记录,选中最后一个字段单元格
Ctrl+Home	选中属性表中第一条记录的第一个字段单元格
Ctrl_End	选中属性表中最后一条记录的最后一个字段单元格
Page Up	滚动选中下一页同一位置的记录,每页记录数根据窗口大小而有所不同
Page Down	滚动选中下一页同一位置的记录,每页记录数根据窗口大小而有所不同
上箭头↑	上移一个单元格
下箭头↓	下移一个单元格
左箭头←	左移一个单元格
右箭头→	右移一个单元格

2. 查看和修改对象属性

1)查看和修改几何对象属性

(1)准备数据,打开工作空间 Changchun.smwu,添加数据集【RoadLine1】到地图窗口。
(2)在地图窗口中选择一个几何对象,如图 4-6 所示,浅蓝色区域为所选对象。

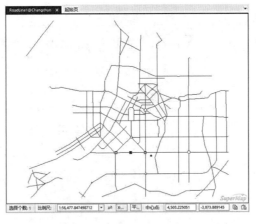

图 4-6

(3)在地图窗口中右键单击鼠标,在弹出的右键菜单中选择【属性】命令。在【属性】窗口中显示了选中对象的详细信息,如图 4-7 所示,包括属性信息、空间信息和构成对象的节点信息。

图 4-7

◇小提示:
(1)以上查看选中对象的属性信息的方式,仅适用于选中一个对象的情况。
(2)如果选中的对象分布在不同的地图图层(各个图层仅选中一个对象时),那么【属性】窗口中仅显示地图中有选中对象的所有图层中处于最上层的图层中的选中对象的属性信息。

2)查看和修改文本对象的属性

(1)准备数据,打开工作空间 Changchun.smwu,添加文本数据集【BusAnno】到地图窗口。

(2)在地图窗口中选择一个文本对象。

(3)在地图窗口中右键单击鼠标,在弹出的右键菜单中选择【属性】命令。

(4)在弹出的【属性】窗口中显示了选中文本对象的详细信息,包括属性信息、空间信息、构成对象的节点信息和文本,如图 4-8 所示。

图 4-8

3)属性窗口介绍

如图 4-7 所示,【属性】窗口的下侧为一个树状结构的目录,目录树显示了所显示的属性信息的类别,包括属性信息、空间信息、节点信息,这些节点的下一级为选中对象的 SmID 值,单击目录中的某个对象对应的节点,【属性】窗口的右侧将显示该对象具体的信息内容。

(1)属性信息:

单击【属性】对话框下侧目录树中的【属性】节点下一级的任意一个节点(选中对象节点),对话框下侧区域将单独显示该节点显示的 SmID 对应的对象的属性信息,即该对象对应属性表中记录的字段信息,包括字段名称、字段别名、字段类型、字段值以及字段是否为必填字段,如图 4-9 所示。

图 4-9

(2)空间信息:

单击【属性】对话框左侧目录树中的【空间信息】节点下一级的任意一个节点(选中对象

节点），对话框右侧区域将单独显示该节点显示的 SmID 对应的对象的空间信息，如图 4-10 所示。

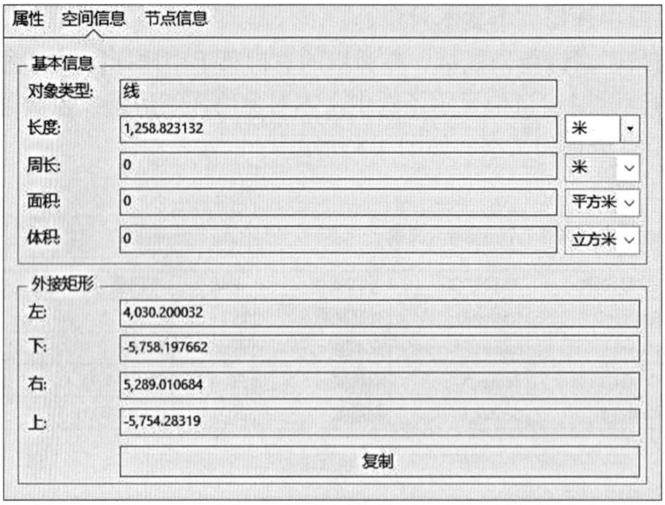

图 4-10

(3)节点信息：

单击【属性】对话框左侧目录树中的【节点信息】节点下一级的任意一个节点(选中对象节点)，对话框右侧区域将单独显示该节点显示的 SmID 对应的对象节点信息，即构成对象节点的相关信息，主要以表格的形式显示，如图 4-11 所示。

图 4-11

注意：文本对象不存在节点信息。对于参数化对象，也暂不支持在属性窗口中查看其节点信息。

3. 编辑属性表

右键单击数据集，选择【浏览属性表】，打开属性表后出现【属性表】选项卡。如图4-12所示，【属性表】选项卡的【编辑】组中具有对矢量数据集的属性表和纯属性数据集的数据进行编辑的功能，可以对属性表中的行和列数据进行整体和批量更新。

图 4-12

1）删除行

【删除行】选项用于删除矢量数据集的属性表或纯属性数据集中选中的一行或多行属性记录。

具体操作步骤如下：

（1）打开需要进行删除行操作的属性表，可以是矢量数据集属性表，也可以是纯属性数据集。

（2）选中矢量数据集的属性表或纯属性数据集中的一行或多行属性记录，或选中要删除行中的单元格。

（3）单击右键，选择【删除行】选项，弹出【删除行】对话框，如图4-13所示。

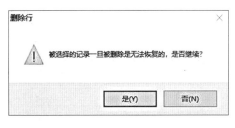

图 4-13

（4）点击【是】，即可删除选中的行或选中的单元格对应行的属性记录。

◇小提示：

① 若使用【删除行】按钮删除矢量数据集的属性表中的属性记录，被删除的记录对应的几何对象也会被一并删除，所以【删除行】按钮要慎用。

② 只有矢量数据集或纯属性数据集为非只读状态，【删除行】选项才可用，否则该选项会一直显示灰色，即为不可用状态。

2）添加行

【添加行】按钮用于在纯属性数据集中添加属性记录。【添加行】按钮只有在当前属性表窗口中是纯属性数据集时，才为可用状态。

具体操作步骤如下：

（1）打开需要进行添加行操作的纯属性数据集。

（2）点击【添加行】按钮，即可在当前纯属性数据集的最后添加一行空的属性记录。

3）更新列

【更新列】选项可以实现快速地按一定的条件或规则统一修改当前属性表中多条记录或全部记录的指定属性字段的值，方便用户对属性表数据的录入和修改。

具体操作步骤如下：

（1）打开要进行更新的属性表，可以是矢量数据集属性表，也可以是纯属性数据集。

（2）在属性表中设置属性表的更新范围，如果用户使用整列更新的方式，可以选中整个待更新列，也可以不选择，在之后的操作中指定；如果用户使用更新选中部分的更新方式，此步骤应选择要进行更新的单元格，选中单元格的方式有：

① 在属性表中，单击某个字段的字段名称，可以选中该字段对应的整列数据。

② 在属性表中，按住 Ctrl 键，同时单击鼠标左键，可以选择多个不连续的单元格。

③ 在属性表中，按住 Shift 键，同时单击鼠标左键，可以选择多个连续的单元格；或者在属性表中的适当位置，按住鼠标左键不放，同时拖动鼠标，也可以选择多个连续的单元格。

（3）选中某列或某个单元格，单击右键选择【更新列】选项。

（4）弹出【更新列】对话框，在对话框中设置用来更新待更新单元格值的运算表达式，即设置更新规则，如图 4-14 所示。

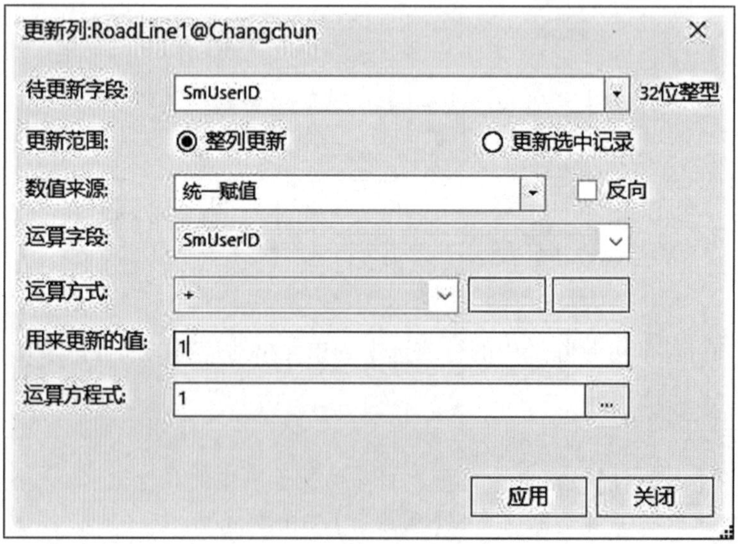

图 4-14

(5)设置完成后,单击【更新列】对话框中的【应用】按钮,执行更新属性表的操作。

(6)更新完毕后,单击【更新列】对话框中的【关闭】按钮,关闭对话框。

4)重做/撤销

【重做】按钮/【撤销】按钮,用来回退和重做之前对某个属性表的更新操作。

如图 4-15 所示,点击【编辑】组的【设置】按钮,弹出【编辑】组的对话框,在此可以设置属性表编辑操作中重做和撤销操作的最大回退次数。

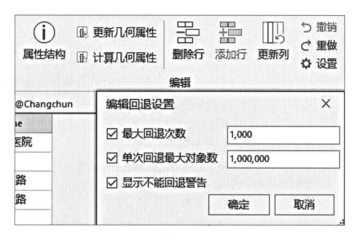

图 4-15

(1)最大回退次数:勾选最大回退次数复选框,最大回退次数的设置有效,其右侧的文本框用来输入用户设置的最大重做和撤销属性表编辑操作的次数。

(2)单次回退最大对象数:勾选单次回退最大对象数复选框,单次回退最大对象数的设置有效,其右侧的文本框用来输入用户设置的一次回退操作可以作用的最大对象数。

(3)显示不能回退警告:勾选显示不能回退警告复选框,在用户进行属性表编辑操作时,如果编辑操作的次数或者单次编辑操作作用的记录数超过了上面所设置的限制,从而导致编辑操作不能回退,则将显示提示对话框,询问用户是否继续操作。

◇小提示:

在编辑属性表时需要注意以下两点:

(1)只能编辑非系统字段以及可编辑系统字段的属性值。

(2)要注意字段的类型以及字段的长度。例如往文本型字段输入属性,假设给该字段设定的长度为 40 个字节,如果输入超出设定长度,系统不会保存该属性。

4. 输出属性表

【另存为数据集】按钮,用来以记录行为操作单位将矢量数据集属性表存储的全部或部分空间信息或属性信息输出为新的数据集或者纯属性数据集,或者将纯属性表的全部或部分属性信息输出为新的纯属性数据集,如图 4-16 所示。

图 4-16

具体操作步骤如下：

(1)获取属性表。在工作空间管理器中，右键点击某个矢量数据集，在弹出的菜单中选择【浏览属性表】；也可以通过在工作空间管理器中选中某个矢量数据集后，点击【属性表】选项卡【输出】组中【另存为数据集】按钮。

(2)在打开的属性表中，选择需要输出的记录行(只要记录行中有一个单元格被选中，即选中了该记录行)，可配合使用 Ctrl 或 Shift 键进行选择。

(3)点击【数据集】按钮，在弹出的【另存为数据集】对话框中，如图 4-17 所示，设置参数。

图 4-17

① 数据源：输出的结果数据集所保存的数据源。
② 数据集：输出的结果数据集的名称。
③ 结果数据集类型：设置将矢量数据集的属性表输出为新的数据集还是输出为纯属性数据集。如果当前属性表为矢量数据集的属性表，将其输出为新的数据集时，数据集的类型与该数据集的类型相同；如果当前属性表为纯属性数据集的属性表，则只能将其输出

为纯属性数据集。

④ 编码方式：将矢量数据集的属性表输出为新的数据集时，可以重新设置数据集的编码方式。

在将矢量数据集(除了点数据集)的属性表输出为新的数据集时，系统提供了四种矢量数据压缩编码方式供用户选择：单字节、双字节、三字节、四字节，分别指的是使用1个、2个、3个、4个字节存储为一个坐标值。用户可根据实际需要选择一种矢量数据压缩方式。

(4)设置完成后，单击【另存为数据集】对话框的【确定】按钮，生成的结果数据集将显示在工作空间管理器中其所保存的数据源的节点下。

> ◇小提示：
> (1)在默认没有选中单元格时，应用程序将输出属性表的所有记录。
> (2)如果用户在【另存为数据集】对话框中输入的结果数据集的名称不合法，则系统会提示用户修改结果数据集名称。
> (3)用户可以同时打开几个数据集的属性表或纯属性数据集，但是只能对当前属性表窗口中显示的属性表或纯属性数据集进行输出操作。

5. 浏览与统计分析属性表

此外，【属性表】选项卡中还包括【浏览】、【统计分析】组，前者组织了浏览矢量数据集的属性表以及纯属性数据集的功能，后者组织了对矢量数据集的属性表以及纯属性数据集的几种主要的统计分析功能。

1)浏览属性表

如图4-18所示，【浏览】组涉及【升序】按钮、【降序】、【隐藏列】、【隐藏行】、【取消列隐藏】、【筛选】、【显示十六进制】、【定位】按钮，分别用来对属性表进行升序、降序、隐藏列、取消列隐藏、筛选、显示十六进制以及定位操作。

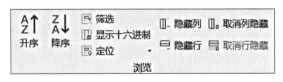

图 4-18

2)统计分析属性表

如图4-19所示，【统计分析】组涉及【总和】、【平均值】、【最大值】、【最小值】、【方差】、【标准差】、【单值个数】、【汇总字段】按钮，分别用来对属性表进行不同的统计分析操作。

【浏览】组和【统计分析】组的具体功能按钮读者可在具体实践中进行相应体会操作，这里不再一一赘述。

图 4-19

（五）拓展练习

某区域宗地的【街坊内码】未赋值，由于这些宗地的街道和坊道一致，因此【街坊内码】的属性值也一致，请使用 GIS 软件批量为其【街坊内码】字段值统一赋值为 1。

练习数据：地籍标准库.udb，内含【DCK_ZD】数据集，即宗地面。

实验五　空间数据编辑

(一) 实验目的

(1) 掌握图形编辑的基本操作。
(2) 掌握不同类型的几何对象之间的操作。
(3) 对属性数据进行批量编辑。

(二) 实验内容

(1) 练习几何对象的绘制、编辑、修改操作。
(2) 练习几何对象之间的分割、合并、分解操作。
(3) 练习使用风格刷、属性刷修改对象的风格及属性。

(三) 实验数据

(1) 实验数据\实验五\Tangshan\Tangshan.smwu；
(2) 实验数据\实验五\Edit\地籍标准库.udb；
(3) 实验数据\实验五\Edit\分割线坐标值.txt。

(四) 实验步骤

1. 图形编辑

在编辑几何对象之前，需要注意的是应先将要编辑的图层设置为可编辑。设为可编辑后，选中对象的周围会出现编辑节点，如图5-1所示。

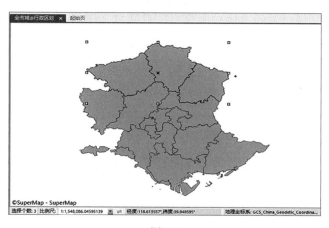

图5-1

1）绘制几何对象

具体操作步骤如下：

（1）打开工作空间Tangshan.smwu。

（2）在工作空间管理器中，单击数据源【Tangshan】节点，加载数据集【county_R】，激活【对象操作】选项卡。可直接拖拽到地图窗口进行添加，或者选中数据后单击鼠标右键，选择【添加到新地图】。

（3）设置当前图层为可编辑状态，选择【对象操作】选项卡，打开【对象绘制】工具条，如图5-2、图5-3所示。

图5-2

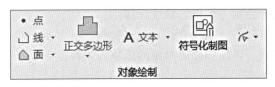

图5-3

地图绘制中最常用的几何对象是点、线、面、文本四种。一般将点/线/面/文本对象添加到对应的点/线/面/文本数据集中，也可以将点、线、面和文本对象都添加到CAD复合数据集中，例如：面对象只能添加到点数据集和CAD复合数据集中。

各种几何对象的绘制都要在图层可编辑的状态下进行，每次只能针对一个图层进行编辑。如果想进行多图层编辑，那么选择【对象操作】选项卡中的多图层编辑，然后再点击图层前的可编辑按钮，即可进行多图层编辑。

设置图层可编辑是在某个图层前，单击铅笔状的图标，使其处于淡蓝色，即处于可编辑状态。然后绘制对象，后台会自动保存绘制的对象。

在图层上新增几何对象的方法较为简单，只需打开图层，设置为可编辑，就可将图5-3所示的各种图形通过鼠标添加到图层中。但需要注意的是，在新增几何对象时，待添加的几何对象的类型必须和图层的几何对象类型一致。比如，在面图层上，只能添加面对象，不能添加线和点对象。

◇小提示：

只能对文件型或是数据库型中的数据集进行编辑，直接打开的其他类型的数据，如*.shp或是*.dwg格式的数据，是不能直接进行编辑的。

2）编辑、修改几何对象

具体的操作方式：

设置当前图层为可编辑状态，选择【对象操作】选项卡，打开【对象绘制】工具条，如图 5-4 所示。

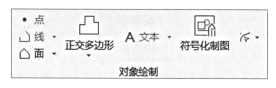

图 5-4

在实际操作中会经常碰到以下几种特殊对象的修改：
(1) 改变线方向。
① 在图层可编辑的情况下，选中一个或者多个线几何对象，可以同时按住 Shift 或者 Ctrl 键，连续选中多个线几何对象或者使用拖框选择的方式选中多个线几何对象。
② 在【对象操作】选项卡上的【对象编辑】组中，单击【改变方向】按钮，执行改变线方向的操作，则选中的线几何对象的线方向发生变化。如图 5-5 所示，图中粗框为【改变方向】按钮，图 5-6 为原始线型，图 5-7 为改变方向后的线型。

图 5-5

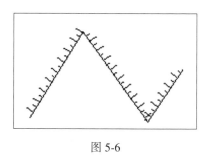 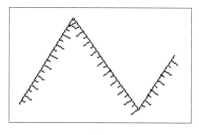

图 5-6　　　　　　　　　　　　　图 5-7

(2) 倒圆角及倒直角。
① 倒圆角。
a. 在图层中同时选中两条线段对象(非平行线)。
b. 在【对象操作】选项卡的【对象编辑】组中，单击【倒圆角】按钮，弹出【倒圆角参数设置】对话框，如图 5-8 粗框为【倒圆角】按钮。默认圆角半径取两条线段最大内切圆半径的五分之一。圆角半径的单位与当前可编辑图层的坐标单位保持一致。

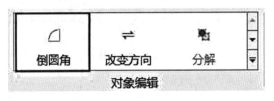

图 5-8

c. 设置是否修剪源对象。勾选该项表示执行操作后会对源对象进行修剪操作,否则将保留原始对象,如图 5-9 所示。

图 5-9

d. 在地图窗口中会实时显示生成倒圆角的预览效果。单击【确定】按钮,根据用户的设置执行生成倒圆角的操作,结果如图 5-10 所示。

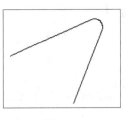

图 5-10

② 倒直角。

a. 在图层中同时选中两条线段对象(非平行线)。

b. 在【对象操作】选项卡的【对象编辑】组中,单击【倒直角】按钮,弹出【倒直角参数设置】对话框,如图 5-11 粗框为【倒直角】按钮。在弹出的对话框中分别输入到第一条直线和第二条直线的距离。默认到第一条直线和到第二条直线的距离均为 0,此时会直接将两条直线在相交处相连。

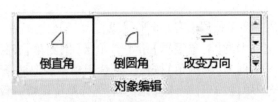

图 5-11

c. 设置是否修剪源对象。勾选该项表示执行操作后会对源对象进行修剪操作，否则将保留原始对象。

d. 在地图窗口中会实时显示生成倒直角的预览效果。单击【确定】按钮，根据用户的设置执行生成倒直角的操作，如图 5-12 所示。

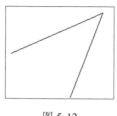

图 5-12

（3）曲线光滑。

① 将地图窗口中要进行平滑的几何对象(线几何对象或面几何对象)所在的图层设置为可编辑状态。

② 选中要进行平滑的几何对象(线几何对象或面几何对象)，可以同时按住 Shift 或者 Ctrl 键，连续选中多个几何对象。

③ 在【对象操作】选项卡的【对象编辑】组中，单击【光滑】按钮，然后弹出【曲线光滑参数设置】对话框，如图 5-13 粗框所示为【光滑】按钮。

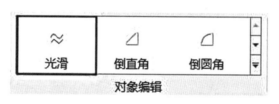

图 5-13

④在【光滑系数】右侧的文本框中输入曲线平滑度的数值。默认值为 4，如图 5-14 所示。

⑤要平滑地图窗口中其他图层中的几何对象，重复上面第①步到第④步的操作。

图 5-14

⑥单击【确定】按钮，完成对选中对象的曲线光滑处理。图 5-15 为光滑处理之前的效

果,图 5-16 为光滑处理之后的效果。

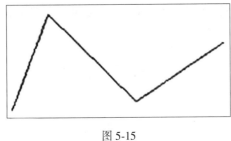

图 5-15

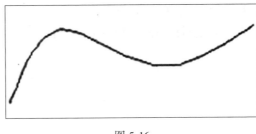

图 5-16

(4)节点的编辑。

对于线数据和面数据可以在创建后对其节点进行编辑,主要是增加节点和编辑节点。

①【添加节点】按钮。

当【添加节点】按钮处于按下状态时,在地图窗口中的可编辑图层中,可以为当前选中的几何对象添加新的节点。

具体操作步骤如下:

a. 将地图窗口中要添加节点的几何对象(线几何对象或面几何对象)所在的图层设置为可编辑状态。

b. 选中一个要添加节点的几何对象(线几何对象或面几何对象),并且当前只能对一个选中的对象进行添加节点的操作。

c. 在【对象操作】选项卡的【对象编辑】中,单击【添加节点】按钮,使其处于按下状态,此时,当前地图窗口中的操作状态变为添加节点状态,并且选中的几何对象将显示出所有的节点。如图 5-17 粗框为【添加节点】按钮。

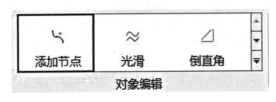

图 5-17

d. 在几何对象边界线上的任意位置处单击鼠标左键,即可在鼠标单击处添加一个新的节点,以此方式在几何对象边界线上的其他位置处添加节点。

e. 取消当前地图窗口的添加节点操作,只需单击【添加节点】按钮,使其处于非按下状态。

②【编辑节点】按钮。

当【编辑节点】按钮处于按下状态时,在地图窗口中的可编辑图层中,可以编辑当前选中的几何对象的节点,主要包括移动节点和删除节点。

具体操作步骤如下:

a. 将地图窗口中要编辑节点的几何对象(线几何对象或面几何对象)所在的图层设置

为可编辑状态。

b. 选中一个要编辑的几何对象(线几何对象或面几何对象)，并且当前只能对一个选中的对象进行编辑节点的操作。

c. 在【对象操作】选项卡的【对象编辑】中，单击【编辑节点】按钮，使其处于按下状态，此时，当前地图窗口中的操作状态变为编辑节点状态，并且选中的几何对象将显示出所有的节点。如图 5-18 粗框为【编辑节点】按钮。

图 5-18

d. 对节点进行移动、删除操作。

e. 在操作过程中，用户可以选择其他几何对象，选中的几何对象仍将显示其所有节点，用户可以继续进行节点的移动和删除编辑操作，直到用户将【编辑节点】按钮切换为非按下状态，编辑节点操作状态才会终止。

3) 几何对象之间的操作

通过几何对象之间的操作，可以获得新的几何对象。几何对象的操作方式包括：对象分割、对象合并、对象求交、对象分解、对象连接、对象擦除、对象求交取反等。

（1）对象的分割如图 5-19 所示。

① 画线切割。

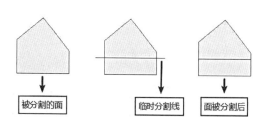

图 5-19

只有当前地图窗口中有可编辑的图层且图层中存在一个或多个选中对象时，【画线切割】按钮才可用。临时分割线所穿越的所有可编辑图层中被选中线或者面几何对象都将被分割。

具体操作步骤如下：

a. 将地图窗口中要进行分割的线或面几何对象所在图层设置为可编辑状态。

b. 单击选中需要进行分割的线或者面几何对象，或者通过框选或按住 Shift 键选择多个几何对象。

c. 在【对象操作】选项卡的【对象编辑】组中，单击【画线切割】按钮，执行画线分割操作。此时，当前地图窗口中的操作状态为画线分割线或者面对象状态。如图5-20粗框为【画线切割】按钮。

图 5-20

d. 绘制临时分割线，即绘制用于分割面几何对象的临时折线。

e. 临时分割线（折线）绘制完成后，右键点击鼠标，将执行分割操作，同时临时分割线消失。

f. 分割的结果为：临时分割线所穿越的所有可编辑图层中被选中线或者面几何对象都将被分割。

g. 取消画线分割的操作状态，只需点击【画线分割】按钮，使按钮处于非按下状态。

②画面分割如图5-21所示。

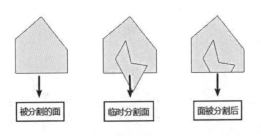

图 5-21

具体操作步骤如下：

a. 将地图窗口中要进行分割的线或者面几何对象所在的图层设置为可编辑状态。

b. 用户不需要选中线或者面几何对象，直接对几何对象进行分割操作，临时分割面所穿越的所有可编辑的线或者面几何对象都将被分割。

c. 在【对象操作】选项卡的【对象编辑】组中，单击【画面切割】按钮，执行画面分割操作。此时，当前地图窗口中的操作状态为画面分割面或者面对象状态。如图5-22粗框为【画面切割】按钮。

d. 绘制临时分割面，即绘制用于分割面或者面几何对象的临时面。

e. 临时分割面绘制完成后，右键单击鼠标，结束临时分割面绘制，此时，将执行分割操作，同时临时分割面消失。

f. 分割的结果为：临时分割面所穿越的所有可编辑图层中被选中线或者面几何对象

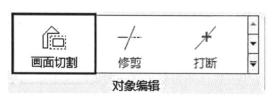

图 5-22

都将在与分割面相交处被分割。

 g. 取消画面分割的操作状态，只需单击【画面分割】按钮，使按钮处于非按下状态。

③选择对象分割如图 5-23 所示。

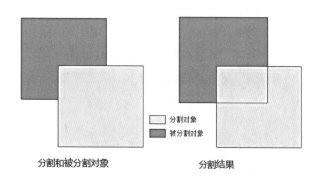

图 5-23

具体操作步骤如下：

 a. 将地图窗口中要进行分割的线或面几何对象所在图层设置为可编辑状态。

 b. 单击选中需要进行分割的线或者面几何对象，或通过框选或按住 Shift 键选择多个几何对象。

 c. 在【对象操作】选项卡的【对象编辑】组中，单击【选择对象分割】按钮，执行选择对象分割操作。此时，当前地图窗口中的操作状态为选择对象分割面或者面对象状态。如图 5-24 粗框为【选择对象分割】按钮。

图 5-24

 d. 单击选中分割对象，此时将执行分割操作，同时被分割对象处于非选中状态。

e. 分割结果为：选择一个线对象或面对象作为分割对象，即根据两个对象相交处，将被分割对象进行分割。

(2)对象的合并。

在实际应用中，我们可能需要对对象进行合并操作。例如：当我们想在全国行政区划图上把黑龙江、吉林、辽宁三省合并为东北区，则可以选中东北三省三个面对象，使用合并运算，合成东北区。

具体操作步骤如下：

① 打开 Tangshan. smwu 工作空间，双击打开 Tangshan 数据源下的数据集 county_R。

② 在图层可编辑状态下，选中任意两个或多个面对象。

③ 在【对象操作】选项卡的【对象编辑】组中，单击【合并】按钮，弹出【合并】对话框。如图 5-25 粗框为【合并】按钮。

图 5-25

④在对话框中，设置要保留的对象。属性处理对话框，方便用户对操作后对象的属性进行设置，如图 5-26 所示(具体参数设置详见联机帮助)。

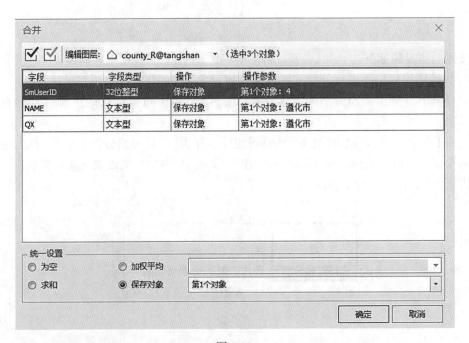

图 5-26

⑤单击【确定】按钮,完成对象的合并。图 5-27 为合并前效果,图 5-28 为合并后效果。

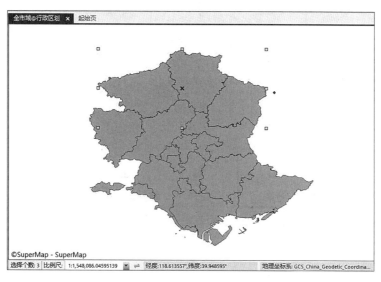

图 5-27

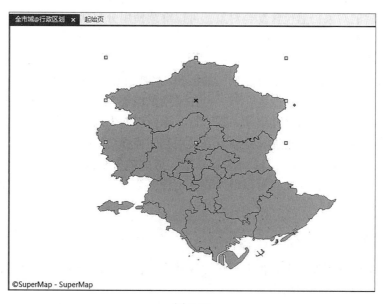

图 5-28

(3)对象的分解。

将一个(或多个)复合对象分解成单个对象,如图 5-29 所示。

具体操作步骤如下:

① 在图层可编辑状态下,选中一个或多个复杂对象或复合对象。

② 在【对象操作】选项卡上的【对象编辑】组中,单击【分解】按钮,执行分解操作。如图 5-30 粗框为【分解】按钮。

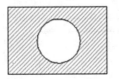 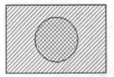 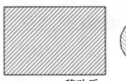

分解前（一个复杂对象）　　分解后（两个简单对象）　　移动后

图 5-29

图 5-30

或执行下列操作：

单击鼠标右键，在弹出的右键菜单中选择【拆分】命令即可。

如果分解后的对象仍然包含复合对象，可以继续使用分解功能，对其进行分解，直到全部分解为单一对象。

4）智能捕捉

空间数据之间的空间关系十分复杂，如线段与线段相交、平行或者垂直；点在线上，点在线的中间，点在线的延长线上，等等。在采用鼠标进行空间数据编辑的过程中，常常需要通过一定的鼠标状态对这些空间关系进行标识，以便更准确地表达这些空间关系，提高空间数据采集效率和数据精度，这就需要启用空间捕捉功能。

SuperMap iDesktop 中提供了 12 种捕捉功能，这些捕捉功能可以任意地开或关，并调整优先级。有了智能捕捉功能，可以很大程度上提高数据编辑的准确性。具体设置为【对象操作】→【捕捉设置】。

2. 属性数据编辑

属性数据编辑的工作量都是很大的，比较繁重的，因此，SuperMap iDesktop 专门提供了可以批量编辑属性数据的功能。

具体操作步骤详见【实验四 属性表操作】。

3. 格式刷的使用

【对象操作】选项卡的第一组也用于地图上各类几何对象的编辑，应用程序提供了 5 种几何对象编辑操作，如图 5-31 所示。这些操作只有在当前的矢量图层为可编辑状态下才能进行。这里主要介绍【风格刷】与【属性刷】。

1）风格刷

风格刷 可以实现将一个对象的风格赋给其他对象。

图 5-31

具体操作步骤如下：
(1)在可编辑图层中选中一个对象，将该对象的风格作为基准风格。
(2)在【对象操作】选项卡的【剪贴板】组中，单击 风格刷 按钮，执行风格刷操作。此时风格刷将赋予选中的对象的风格。
(3)在当前地图窗口上单击想要被赋予基准风格的对象。
(4)如果想此种风格赋予更多的对象，需要双击【风格刷】按钮，然后顺次点击要赋予风格的对象即可。
(5)按 Esc 键或者单击鼠标右键结束操作。

> ◇小提示：
> 风格刷功能适用于 CAD 图层和文本图层。
> 风格刷支持跨图层使用，即可以将风格基准对象的风格赋给当前地图窗口中其他图层中的对象。

2)属性刷

属性刷 属性刷 可以实现将一个对象非系统字段的值赋给其他对象。
具体操作步骤如下：
(1)在可编辑图层中选中一个对象，其属性信息将作为基准属性值。
(2)在【对象操作】选项卡的【剪贴板】组中，单击 属性刷 按钮，执行属性刷操作。此时属性刷将记录选中的对象的属性信息，即基准属性。
(3)在当前地图窗口上单击想要被赋予基准属性的对象。
(4)如果想对此属性信息赋予更多的对象，需要双击【属性刷】按钮，然后顺次点击要赋予属性的对象即可。
(5)按 Esc 键或者单击鼠标右键结束操作。

> ◇小提示：
> 属性刷功能适用于所有的矢量图层，包括点、线、面图层和 CAD 图层。
> 属性刷不支持跨图层更新，即不可以将对象的属性信息赋给其他图层中的对象。

（五）拓展练习

宗地是以权属界线组成的封闭地块，一块宗地不能出现一部分属于一个人，另一部分属于另外一个人的情况。某地区有一块宗地内码为 217 的宗地，其权属人变更为两个人，需要对这块宗地进行分割，保存为两块宗地。现有分割线的坐标值，需要根据坐标值绘制分割线，为后续的宗地划分做准备。

练习数据：

（1）分割线坐标值.txt；

（2）地籍标准库.udb，内含【DCK_ZD】数据集，即宗地面。

实验六　空间数据转换与处理

(一)实验目的

(1)掌握多种数据类型转换的方法。
(2)掌握多种数据结构转换的方法。
(3)掌握空间数据坐标转换的方法。
(4)掌握空间数据处理的方法。

(二)实验内容

(1)练习数据类型的转换操作。
(2)练习坐标转换操作。
(3)练习数据集的裁剪操作。
(4)练习数据集的融合。
(5)练习数据集追加行、追加列、重采样操作。
(6)对原始数据进行拓扑关系处理。

(三)实验数据

(1)实验数据\实验六\CAD\小区照明平面图.dwg;
(2)实验数据\实验六\excle\主要建筑物.xlsx;
(3)实验数据\实验六\shp\市级区划.shp;
(4)实验数据\实验六\矢栅转换\矢栅转换.udb;
(5)实验数据\实验六\拓扑数据\拓扑数据.udb。

(四)实验步骤

1. 数据类型的转换

1)数据格式转换

在处理数据时,会遇到很多不同格式的数据,比如 shapefile 格式、CAD 格式、图片格式等。SuperMap GIS 软件要接入、编辑、处理这些数据,首先需要把这些数据转换成 SuperMap 自己的数据格式。SuperMap iDesktop 支持将多种格式的数据转换为 SuperMap 的数据格式,只需成功导入所需数据集,即完成数据格式的转换。下文将以导入 CAD 数据为例进行说明。

操作方式一:

(1)首先新建或打开一个数据源。

(2)在【开始】选项卡的【数据处理】组中,单击【数据导入】按钮下拉箭头,在弹出的菜单中选择矢量文件【AutoCAD】格式类型,如图 6-1 所示。

图 6-1

(3)在弹出 AutoCAD 文件类型选择对话框中选择待导入的数据文件,单击确定按钮,返回对话框,如图 6-2 所示。

图 6-2

(4)单击【导入】按钮,完成操作。

操作方式二:

(1)首先新建或打开一个数据源。

(2)在【开始】选项卡的【数据处理】组中,单击【数据导入】按钮,弹出数据导入对话框,如图 6-3 所示。

(3)点击右上角的【添加文件】图标按钮,在弹出的【打开】文件对话框中,展开右下角的【所有支持文件(﹡.﹡)】,可查看所有支持的文件格式,选择要导入的数据并打开,如图 6-4 所示。

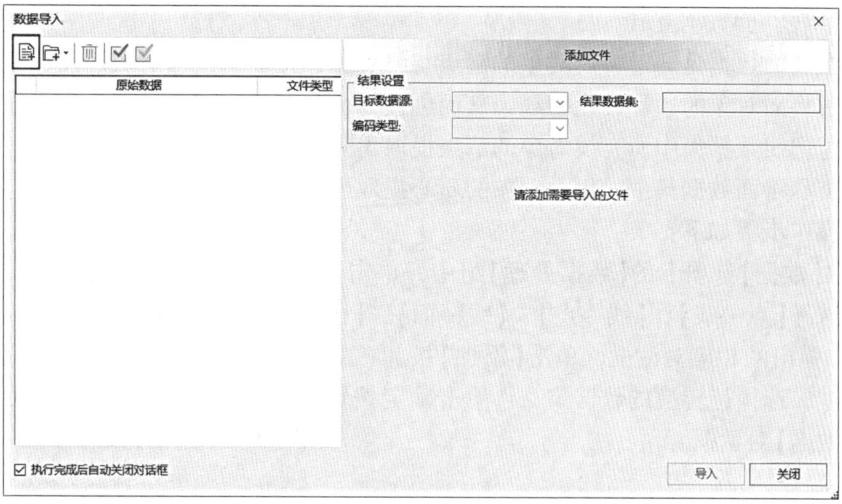

图 6-3

(4) 设置恰当的参数后点击【导入】，即可完成数据格式的转换。

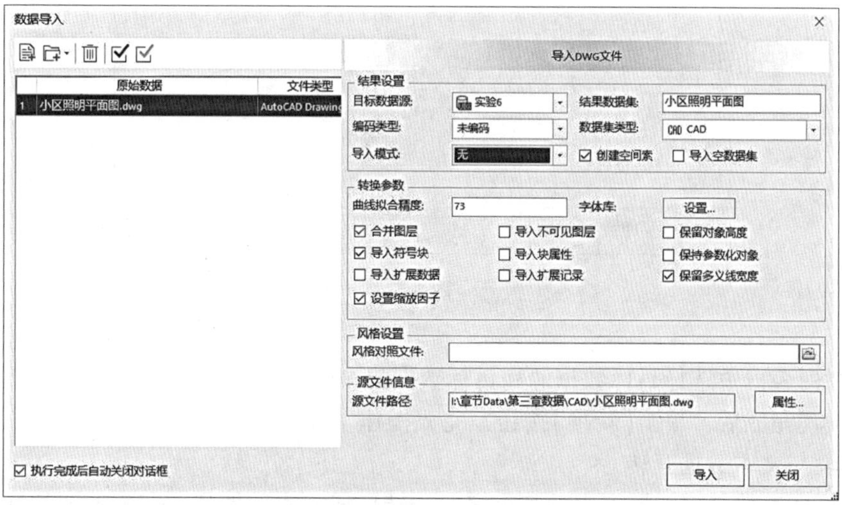

图 6-4

◇**小提示**：

在导入 Excle 时需要注意两个转换参数：

一是【首行为字段信息】，如果要将 Excel 表中的第一行记录作为字段名，那么在转换的时候就需要勾选【首行为字段信息】，这样才能得到正确的结果。

二是【导入空间数据】，默认不勾选此项，Excel 导入后就成为纯属性数据集；勾选【导入空间数据】，然后分别选择经纬度坐标所在的列，如果是三维数据，还可以选择高程坐标对应的列，直接把 Excel 导入成二维或三维点数据。

2)点、线、面数据互转

线数据转面数据是通过将线对象的起点与终点相连接而构成面对象。面数据转化为线数据是通过将面对象的边界转化为线,从而创建一个包含线对象的数据集。线数据转为点数据是通过把线数据集中所有线对象的节点提取出来,进而生成新的点数据集。面数据转化为点数据是将面数据集中的每个对象的质心提取出来生成一个新的点数据集。

具体操作步骤如下:

(1)在【数据】选项卡的【数据处理】组中,单击【类型转换】按钮的下拉箭头,在弹出的菜单中选择【点→线】、【线→点】、【线→面】、【面→线】、【面→点】。

(2)在弹出的相应对话框,单击【添加】按钮(或在列表框空白区域双击左键),弹出选择对话框,选择待转换的数据集,再单击确定按钮,返回对话框。如图 6-5 所示的【面数据→线数据】对话框。

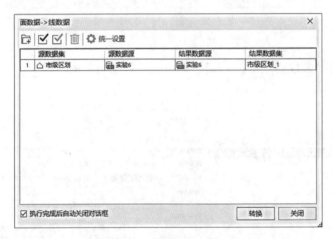

图 6-5

(3)在列表框中选择目标数据源和目标数据集,也可以直接输入目标数据集的名称。

(4)设置完成后,单击【转换】按钮,完成操作。

3)字段与文本数据互转

字段转文本就是将数据集中的某个字段,转换成文本数据集,完成地图的标注。文本位置由对象内点(质心)确定,字段转文本仅适用于点、线、面、文本以及网络数据。另外,文本数据集和标签专题图的区别是,文本对象的内容可以逐个进行修改,并保存风格。

具体操作步骤如下:

(1)在【数据】选项卡的【数据处理】组中,单击【类型转换】按钮的下拉箭头,在弹出的菜单中选择【字段→文本】对话框。

(2)在弹出的相应对话框,单击【添加】按钮(或在列表框空白区域双击左键),弹出选择对话框,选择待转换的数据集,再单击确定按钮,返回对话框,如图 6-6 所示对话框。

(3)选择连接字段为 NAME。

(4)设置完成后,单击【转换】按钮,完成操作,得到如图 6-7 所示的文本数据集。

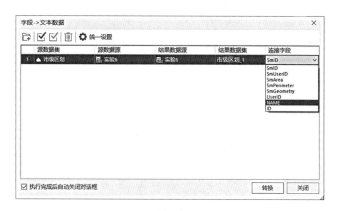

图 6-6

图 6-7

4)复合数据与简单数据互转

复合数据与简单数据的相互转换包含了两方面的内容,一是复合数据转换为简单数据,二是简单数据转换为复合数据。

复合数据转换为简单数据是将一个 CAD 数据集分解成多个简单数据集。简单数据转换为复合数据是将多个不同类型的简单数据集合成为一个 CAD 数据集。

具体操作步骤如下:

(1)简单数据转换为复合数据。

① 在【数据】选项卡的【数据处理】组中,单击【类型转换】按钮的下拉箭头,在弹出的菜单中选择【简单→CAD】对话框。

② 在【简单→CAD】对话框中,选择简单数据集所在的数据源。在对话框上方的工具条中,单击【添加】按钮,弹出选择对话框。在选择对话框中,显示了当前工作空间中所有的数据源下面的简单数据集,添加要转换的数据集。这些数据集可以来自于多个不同的

数据源。同时可以结合使用工具条中提供的全选、反选、删除等操作,如图 6-8 所示。

图 6-8

③ 在【目标数据】标签下设置转换结果要保存的数据源以及复合数据集名称。
④ 设置完成后,单击【转换】按钮,完成操作。
(2)复合数据转为简单数据。
①在【数据】选项卡的【数据处理】组中,单击【类型转换】按钮的下拉箭头,在弹出的菜单中选择【CAD→简单】对话框。
②弹出【复合数据→简单数据】对话框,在【源数据】标签下选择复合数据集所在的数据源。
③在【目标数据】标签下,选择转换后的数据集要保存的数据源。在对话框的下方选择要转换的简单数据的类型,为输出的简单数据集命名,也可以使用系统默认的名称,如图 6-9 所示。
④设置完成后,单击【转换】按钮,完成操作。
5)网络数据集转换为线数据集或点数据集
(1)网络数据集转换为线数据集:将网络数据集中所有线段(网络连接)提取出来生成新的线数据集。
(2)网络数据集转换为点数据集:把网络数据集中所有点(网络节点)提取出来生成新的点数据集。
具体操作步骤如下:
①在【数据】选项卡的【数据处理】组中,单击【类型转换】按钮的下拉箭头,在弹出的菜单中选择【网络→线】、【网络→点】。

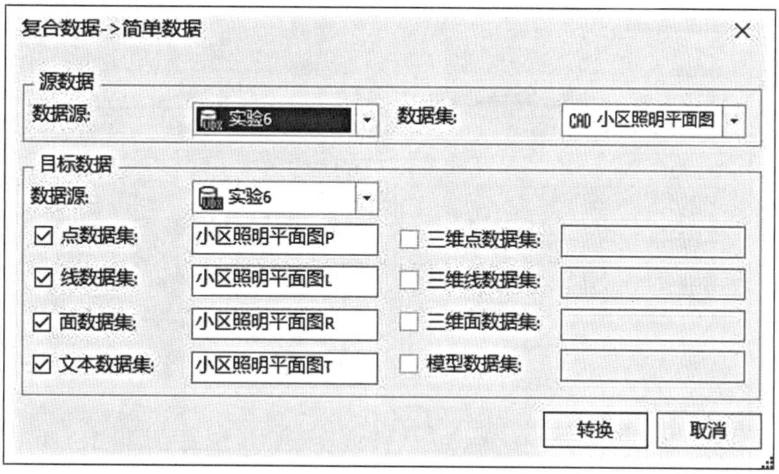

图 6-9

②在弹出的【网络数据→线数据】、【网络数据→点数据】对话框中,单击添加按钮(或在列表框空白区域双击左键),弹出选择对话框,选择待转换的网络数据集,单击确定按钮,返回【网络数据→线数据】、【网络数据→点数据】对话框。

③在列表框中选择目标数据源和目标数据集,也可以为目标数据集命名,生成一个新的数据集。

④设置完成后,单击【转换】按钮,完成操作。

此外,在【类型转换】按钮的下拉菜单中,还有【二维数据与三维数据互转】等,详细内容可参考联机帮助,这里不再赘述。

2. 空间坐标转换

不同来源的空间数据一般会存在地理坐标与地图投影的差异,为了获得空间参考一致的数据,必须进行空间坐标的转换。

空间坐标转换是把空间数据从一种空间参考系映射到另一种空间参考系中,空间坐标转换有时也称投影变换,主要用来解决换带计算、地图转绘、图层叠加、数据集成等问题。

1)空间坐标转换

具体操作步骤如下:

(1)在【开始】选项卡的【数据处理】组中,单击【投影转换】按钮的下拉箭头,在弹出的菜单中选择【数据集投影转换】对话框。

(2)在弹出的【数据集投影转换】对话框中,勾选【结果另存为】,设置目标数据集名称,避免覆盖原数据集。

(3)设置目标坐标系,选择转换方法,设置投影转换参数。

(4)设置完成后,单击【转换】按钮,完成操作,如图 6-10 所示。

图 6-10

◇**小提示**：

（1）空间坐标转换是在地理坐标系或投影坐标系之间进行的，平面坐标无投影的不能进行坐标转换。

（2）如果对转换后的数据的精度要求很高，需要使用三参数或者七参数进行投影转换。对于参数的确定，可以购买权威的测量数据，或者通过两个坐标系中已知控制点的坐标进行参数的计算。

2）动态投影

动态投影是当地图窗口中加载了坐标系不同的两个或多个数据集时，对其中一个或多个进行动态的坐标系转换，使它们的坐标系暂时保持一致，保证同一区域或者相邻区域的数据能够叠加显示。

具体操作步骤如下：

(1)在【地图】选项卡的【属性】组中，单击【地图属性】按钮，弹出【地图属性】对话框。
(2)在弹出的【地图属性】对话框中，点击【坐标系】，然后勾选【动态投影】，如图6-11所示。
(3)设置完成后，加载的数据自动进行动态投影转换，与当前地图坐标系保持一致。

3. 数据结构转换

栅格数据是将地理空间划分成若干行、若干列，称为一个像元阵列，其最小单元称为像元或像素。每个像元的位置由行列号确定，其属性则以代码表示，其特点是属性明显、位置隐含。

矢量数据是用一系列有序的 x、y 坐标对来表示点、线、面等地理实体的空间位置。

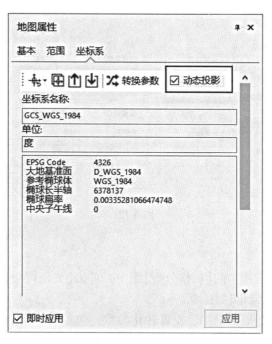

图 6-11

一个点对象就是一对坐标，一个线对象就是一串有序的坐标，一个面对象就是首尾相连的一串坐标。矢量表现形式的特点是位置明显、属性隐含，能比栅格模型更精确地定义位置、长度和大小。

栅格数据或矢量数据都可以按照图层组织到地图中，根据应用需求情况，这两种结构的数据可以进行互相转换。

1) 矢量转栅格

矢量栅格化是将矢量数据的 X 轴、Y 轴与栅格数据的行和列平行，根据给定的分辨率进行栅格单元的划分，再将点、线、面填充到相应的栅格单元。

具体操作步骤如下：

(1) 在【空间分析】选项卡的【栅格分析】组中，单击【矢栅转换】按钮，选择【矢量栅格化】命令，弹出【矢量栅格化】对话框。

(2) 在【矢量栅格化】对话框中，设置转化参数，包括栅格数据取值字段、像素格式、分辨率等，如图 6-12 所示。

(3) 设置完成后，点击【确定】按钮，完成矢量栅格化操作。

◇小提示：
矢量转栅格多用于根据等高线生成 DEM 栅格数据。

2) 栅格转矢量

对栅格数据进行矢量化处理，可以将栅格数据集转化成点、线、面数据集。

图 6-12

具体操作步骤如下：

(1)在【空间分析】选项卡的【栅格分析】组中，单击【矢栅转换】按钮，选择【栅格矢量化】命令，弹出【栅格矢量化】对话框。

(2)在【栅格矢量化】对话框中，设置转化参数，包括转换结果数据集的类型(如果是转成线数据，还需设置矢量线的光滑方法和光滑系数)、是否转换无值单元格、是否只转换指定栅格等，如图6-13所示。

(3)设置完成后，点击【确定】按钮，完成栅格矢量化操作。

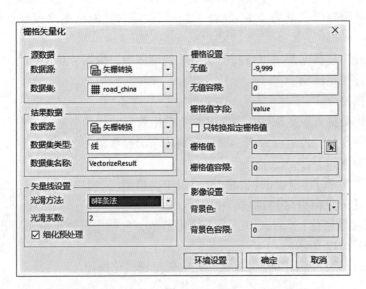

图 6-13

◇小提示：
　栅格矢量化主要适用于线条清晰的栅格数据，如扫描的等高线地图，可以极大地提高矢量化的效率。

4. 空间数据处理

1）数据集裁剪

SuperMap iDesktop 提供了四种方式对矢量数据和栅格数据进行裁剪。四种裁剪方式是：矩形裁剪、圆形裁剪、多边形裁剪、选中对象区域裁剪。SuperMap iDesktop 可以对矢量或栅格数据进行裁剪，并且支持跨图层的裁剪。

具体操作步骤如下：

（1）在数据集中打开或添加【市级区划.shp】图层。

（2）点击【地图】选项卡中【操作】组的【地图裁剪】按钮，选择【选中对象区域裁剪】，进行裁剪操作。

（3）单击【左键】选择【市级区划.shp】图层中某市区域，再次单击【右键】结束选择，并弹出【地图裁剪】对话框，进行相关参数设置，如图 6-14 所示。

图 6-14

（4）单击【确定】进行裁剪。如图 6-15 所示，图 6-15 为未进行裁剪效果，图 6-16 为裁剪后效果。

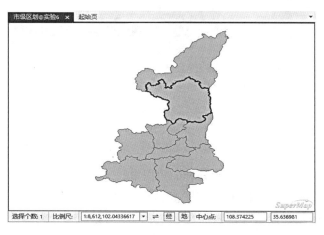

图 6-15

图 6-16

2)数据集的融合

数据集的融合为将一个线数据集或面数据集中符合一定条件的对象融合成一个对象。数据集融合功能中包括融合、组合、融合后组合三种处理方式。

具体操作步骤如下:

(1)在功能区【数据】选项卡的【数据处理】组的【矢量】子组中,单击【融合】按钮,弹出【数据集融合】对话框,如图 6-17 所示。

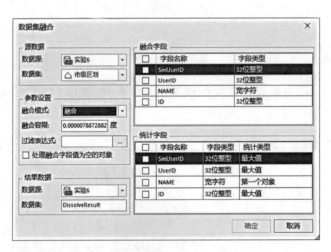

图 6-17

(2)在【源数据】区域选择要进行处理的数据集。

(3)选择融合模式。系统提供了三种融合模式:融合、组合、融合后组合。

(4)设置融合容限。数据进行融合处理时若两个对象或多个对象之间的距离在此容限范围内,则被合并为一个节点。

(5)设置过滤表达式。只有满足此条件的对象才参加融合运算。

(6)选中【处理融合字段值为空的对象】复选框,表示会将容限范围内字段值同时为空的对象进行融合,否则对字段值为空的对象不进行任何处理。

(7)选择融合字段。要求被融合的对象在属性表中某字段下应具有相同的值,选择一个或多个这样的字段作为融合字段。

(8)选择统计字段。对融合的对象进行字段统计,统计类型可以是最大值、最小值、平均值等。

(9)单击【确定】按钮,执行融合操作。

◇小提示:
数据集融合时需要遵循以下条件:
(1)数据对象间某字段的值相同。
(2)线对象需端点重合才可以进行融合。
(3)面对象必须相交或相邻(具有公共边)。

3)数据集追加行

把一个数据集中的数据追加到另一个数据集中,该追加只能是相同类型数据集之间的追加。

具体操作步骤如下:

(1)在功能区【数据】选项卡的【数据处理】组的【矢量】子组中,单击【追加行】按钮,弹出【数据集追加行】对话框,如图6-18所示。

图 6-18

(2)在【目标数据】区域选择追加的目标数据集,可以是一个已有的数据集,也可以手动新建一个数据集进行追加。

(3)在【源数据】列表区域选择源数据集,即提供数据的数据集。列表框内的数据集可以通过工具条按钮进行编辑。

(4)保留新增字段用来设置源数据单击中存在而目标数据中不存在的字段是否保留。选中【保留新增字段】，予以保留，否则只保留与目标数据中相匹配的字段。

(5)单击【确定】按钮，完成追加操作，单击【取消】，撤销此操作。

4)数据集追加列

数据集追加列主要用于向目标数据集属性表中追加新的字段。该字段值来自源数据集的属性表。在操作过程中，需要设置一对连接字段，这对连接字段分别来自源数据集和目标数据集，连接字段中具有相同的数据值时，才能完成数据集的顺利追加。

具体操作步骤如下：

(1)在功能区【数据】选项卡的【数据处理】组的【矢量】子组中，单击【追加列】按钮，弹出【数据集追加列】对话框，如图 6-19 所示。

图 6-19

(2)在【目标数据】区域选择要追加的目标数据集，再选择其连接字段。

(3)在【源数据】区域选择提供属性字段的源数据集及其连接字段。此处设置的连接字段的字段类型要保持和目标数据集的连接字段类型相同。

(4)在【追加字段】区域选择需要追加到目标数据集的字段。

(5)单击【确定】按钮完成数据集追加列的操作，单击【关闭】，撤销操作。

5)数据集重采样

当线对象中的节点过于密集时，重新采集坐标数据，简化地图绘制，可以批量处理多个数据集。

具体的操作步骤如下：

(1)在功能区【数据】选项卡的【数据处理】组，单击【矢量重采样】按钮，弹出【矢量数据集重采样】对话框，如图 6-20 所示。

(2)在左侧列表框中添加要进行重采样处理的数据集，通过工具可进行【添加】、【全选】、【反选】、【移除】的操作。

(3)在【参数设置】区域设置重采样的方法以及相关参数。

(4)单击【确定】按钮执行矢量数据集重采样操作，单击【取消】按钮关闭窗口，放弃操作。

图 6-20

◇小提示：
数据集重采样操作会改变原有数据集中的数据，请用户操作前做好数据备份。

5. 拓扑处理

空间数据在采集和编辑过程中，会不可避免地出现一些错误。例如，同一个节点或同一条线被数字化了两次、相邻面对象在采集过程中出现裂缝或者相交、不封闭等，这些错误往往会产生假节点、冗余节点、悬线、重复线等拓扑错误，导致采集的空间数据之间的拓扑关系和实际地物的拓扑关系不符合，会影响到后续的数据处理、分析工作，并影响到数据的质量和可用性。此外，这些拓扑错误通常量很大，也很隐蔽，不容易被识别出来，通过手动方法不易去除，因此，需要进行拓扑处理来修复这些冗余和错误。

1）线数据集的拓扑处理

针对线数据集或网络数据集进行拓扑检查和修复，具体的操作步骤如下：

（1）单击【数据】选项卡中【拓扑】组的【线拓扑处理】按钮。

（2）弹出如图 6-21 所示的【线数据集拓扑处理】对话框，选择需要进行拓扑处理的源数据集。

（3）拓扑错误处理选项包括去除假节点、去除冗余点、去除重复线、去除短悬线、去除长悬线、邻近端点合并、弧段求交等七种规则，用户可根据需要选择合适的规则对选中数据集进行拓扑处理。

图 6-21

(4)单击【高级】按钮,弹出如图 6-22 所示的【高级参数设置】对话框,可在该对话框内设置非打断线和相关拓扑处理规则的容限。

图 6-22

(5)单击【确定】按钮对所选线数据集执行拓扑处理操作。
2)拓扑构面
拓扑构面是将线数据集或网络数据集通过拓扑处理构建为面数据集。
具体操作步骤如下:
(1)单击【数据】选项卡中【拓扑】组的【拓扑构面】按钮。
(2)弹出如图 6-23 所示的【线数据集拓扑构面】对话框。
(3)在源数据区域选择需要进行拓扑构面的数据集,这里可以选择线数据集或网络数据集。

图 6-23

(4)单击【高级】按钮,可弹出如图 6-24 所示的【高级参数设置】对话框,可在该对话框内设置非打断线和相关拓扑处理规则的容限。

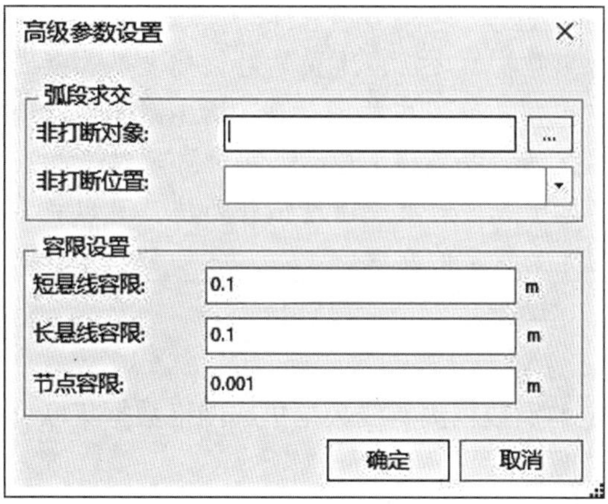

图 6-24

(5)在结果数据区域设置结果面数据集的名称和存放位置。单击【确定】按钮完成操作,结果如图 6-25 所示。

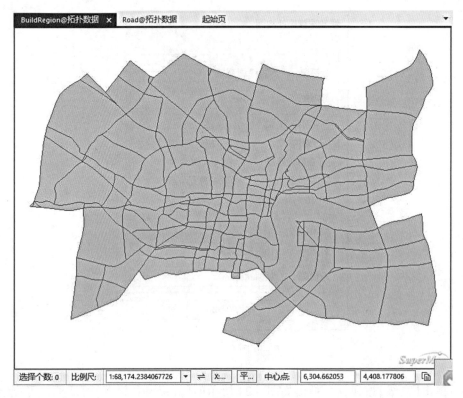

图 6-25

◇小提示：

在对线数据集进行拓扑构面之前，建议先对待处理数据集进行拓扑处理操作。通过拓扑处理可以将那些在容限范围内的问题线对象(例如假节点、冗余点、悬线、重复线、未合并的邻近端点等拓扑错误)进行修复，同时对呈相交关系的线对象在交点处打断，以便于更准确地生成面对象。通过拓扑处理，可以免去用户在拓扑构面之后还要删除不符合条件的冗余对象的麻烦。

3) 拓扑构网

拓扑构网是根据指定的点数据集、线数据集或网络数据集联合生成网络数据集。

具体操作步骤如下：

(1) 单击【交通分析】选项卡中【路网分析】组的【拓扑构网】按钮，弹出如图 6-26 所示的【构建二维网络数据集】对话框。

(2) 添加数据集。在列表框内添加用来构建网络数据集的数据集。

(3) 设置结果数据源和数据集，单击【字段设置...】按钮，弹出如图 6-27 所示对话框，选择赋给新生成的网络数据集的字段信息。

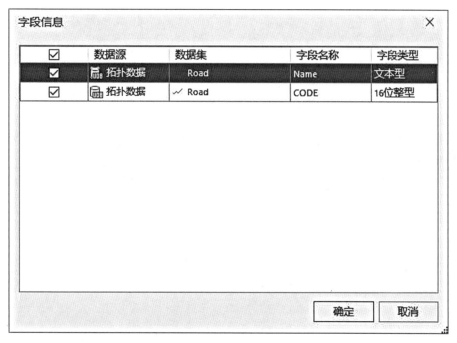

图 6-26

图 6-27

(4)单击【确定】按钮,完成操作,结果如图 6-28 所示。

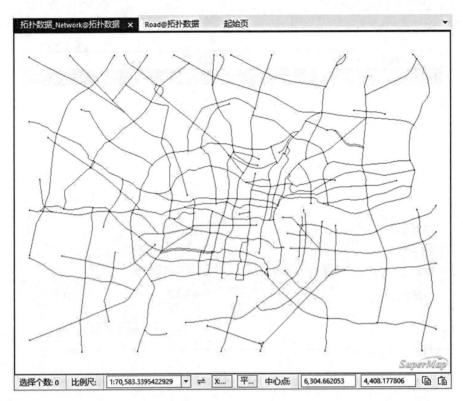

图 6-28

(五) 拓展练习

(1)将带有经纬度坐标的 Excle 文件导入,在窗口中可以显示空间数据点。
练习数据:excle \ 主要建筑物 . xlsx。
(2)检查矢量面数据集,请采用恰当的检查方法对该数据进行检查和处理,要求不能有缝隙,不能有重复面。
练习数据:拓扑数据 \ 拓扑数据 . udb—districts_error 面数据集。

实验七 专题图制作

(一)实验目的

(1)理解专题图的分类及区别。
(2)掌握几种常用的专题图制作的方法。
(3)熟悉各种专题图的基本制作步骤。

(二)实验内容

(1)练习专题图制作的主要流程。
(2)进行各种专题图制作。

(三)实验数据

实验数据 \ 实验七 \ tangshan.smwu。

(四)实验步骤

1. 创建专题图的一般操作

1)准备数据
打开工作空间 tangshan.smwu。

2)加载数据到图层
在工作空间管理器中,单击数据源【tangshan.】节点,加载数据集【county_R】。如图 7-1 所示。添加方式包括可直接拖拽到地图窗口或单击数据,鼠标右键选中【添加到新地图】。

3)创建专题图
方法一:点击【专题图】选项卡,就会有一系列专题图选择项,如图 7-2、图 7-3 所示,通过【默认】或者模板创建相应的专题图。
方法二:右键单击图层管理器中的矢量图层节点,在弹出的右键菜单中单击选择【制作专题图...】命令,如图 7-4 所示,弹出【制作专题图】对话框,按照向导创建。

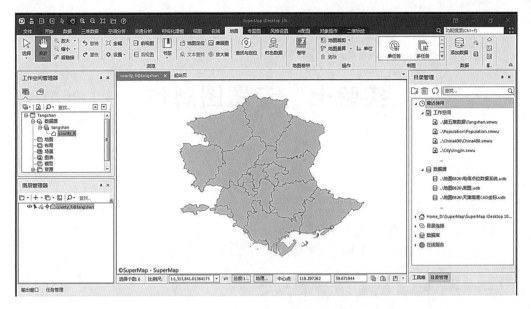

图 7-1

图 7-2

图 7-3

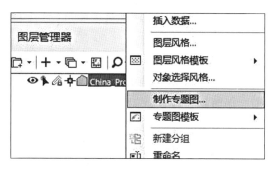

图 7-4

4)设置专题图属性

创建专题图后,弹出【专题图】窗口,在设置【属性】和【高级】对话框中,设置各专题图属性,如图 7-5、图 7-6 所示。

图 7-5

图 7-6

2. 制作专题图

1)单值专题图

实例:打开工作空间【tangshan.smwu】中数据源【tangshan】下的【county_R】数据集,利用属性字段【Name】制作【唐山行政区域】单值专题图。

具体操作步骤如下:

(1)启动 SuperMap iDesktop 应用程序。

(2)打开工作空间【tangshan.smwu】。

(3)双击【county_R】数据集,加载数据到地图窗口。

(4)点击【专题图】选项卡,选择【单值专题图】,通过【默认】模板创建相应的专题图,弹出【制作专题图】对话框。

(5)创建专题图后,在弹出的【专题图】窗口中,选择【属性】,将【表达式】设置为【county.R】,采用【NAME】属性字段。在【颜色方案】组合框中设置当前单值专题图的颜色风格。在【高级】对话框中,保留默认设置,如图7-7所示。

图 7-7

(6)单击【应用】,完成设置,如图7-8所示。基于模板风格创建的单值专题图将自动添加到当前地图窗口中作为一个专题图层显示,同时在图层管理器中也会相应地增加一个专题图层。

(7)在图层管理器中右键单击新增加的专题图图层,选择【重命名】,修改专题图图层名称为【city】。

窗口说明:(具体参数介绍详见联机帮助)【属性】选项卡如图7-9所示,【高级】窗口说明如图7-10所示。

①偏移量单位:用于设置偏移量数值的单位。
②水平偏移量:用于设置标签相对于其表达对象的水平偏移量。
③垂直偏移量:用于设置标签符号相对于其表达对象的垂直偏移量。

2)分段专题图

实例:打开工作空间【tangshan.smwu】中数据源【tangshan】下的【county_R】数据集,利用属性字段【年平均人口】制作【区县人口】分段专题图。

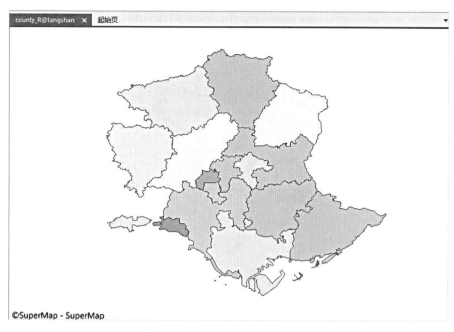

图 7-8

图 7-9

具体操作步骤如下：
(1) 启动 SuperMap iDesktop 应用程序。
(2) 打开工作空间【tangshan.smwu】，双击【tangshan】数据源，加载数据集【county_R】到

图 7-10

地图窗口。

(3) 右键单击图层管理器中的矢量图层节点，在弹出的右键菜单中单击选择【制作专题图】命令，弹出【制作专题图】对话框，选择【分段专题图】，通过【默认】模板创建相应专题图，如图 7-11 所示。

图 7-11

(4) 创建专题图后，在【专题图】窗口中，选择【属性】，将【表达式】设置为【年平均人口】，【分段方法】设置为【等距分段】，【段数】设置为【4】，在【颜色方案】组合框设置当前分段专题图的颜色风格，如图 7-12 所示。

(5) 单击【应用】，完成设置，效果如图 7-13 所示。基于模板风格创建的分段专题图将自动添加到当前地图窗口中作为一个专题图层显示，同时在图层管理器中也会相应地增加一个专题图层。

图 7-12

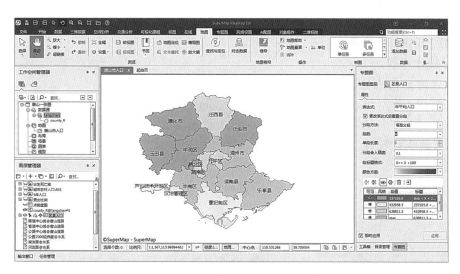

图 7-13

(6)在图层管理器中右键单击新增加的专题图图层,选择【重命名】,修改专题图图层名称为【区县人口】。

窗口说明:(详细参数介绍可参考联机帮助)【属性】选项卡如图 7-14 所示。

3)统一风格标签专题图

应用程序可创建的标签专题图分为四种类型:统一风格、分段风格、复合风格、矩阵风格。同时,程序还提供了四种标签专题图的模板。单击【新建】按钮后,在弹出的窗口中选择【标签专题图】,窗口右侧会出现可创建的标签专题图的类型。用户通过选择某种类型的标签专题图模板,制作该类型的标签专题图。

图 7-14

实例：(这里我们以"统一风格"标签专题图制作为例,其他三种风格标签专题图制作过程类似。)打开工作空间 tangshan 中数据源 tangshan 下的 county_R 数据集,利用属性字段【NAME】制作标签专题图。

具体操作步骤如下:

(1)启动 SuperMap iDesktop 应用程序。

(2)打开工作空间 tangshan.smwu,双击【county_R】数据集,加载数据到地图窗口。

(3)右键单击图层管理器中的【county_R】矢量图层节点,选择【制作专题图】命令,弹出【制作专题图】对话框,如图 7-15 所示,选择【标签专题图】中【统一风格】项,创建相应的专题图。

(4)创建专题图后,在弹出的【专题图】窗口中选择【属性】,将【标签表达式】设置为

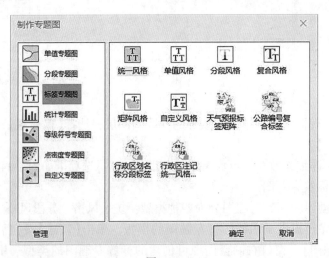

图 7-15

【NAME】,同时在【风格】、【高级】对话框中对参数进行相应设置,这里我们采用默认设置。

(5)单击【应用】,完成设置,效果如图 7-16 所示。基于模板创建的统一风格标签专题图将自动添加到当前地图窗口中作为一个专题图层显示,同时在图层管理器中也会相应地增加一个专题图层。

图 7-16

(6)在图层管理器中右键单击新增加的专题图图层,选择【重命名】,修改专题图图层名称为【统一风格标签专题图】。

窗口说明:(详细参数介绍可参考联机帮助)【属性】、【风格】、【高级】选项卡分别如图 7-17、图 7-18、图 7-19 所示。

图 7-17   图 7-18

91

图 7-19

4) 统计专题图

统计图类型，如面积图、阶梯图、折线图、柱状图、饼图等，可根据实际数据选择最佳表达方式。

实例：打开工作空间【tangshan.smwu】中数据源 tangshan 下的【county_R】数据集，利用【urban】、【rural】2 个属性字段制作统计专题图。

具体操作步骤如下：

（1）启动 SuperMap iDesktop 应用程序。

（2）打开工作空间【tangshan.smwu】，双击【county_R】数据集，加载数据到地图窗口。

（3）右键单击图层管理器中的【county_R】矢量图层节点，选择【制作专题图】命令，弹出【制作专题图】对话框，选择【统计专题图】中【三维饼状图】项，创建相应的专题图，如图 7-20 所示。

（4）创建专题图后，在弹出的【专题图】窗口中选择【属性】对话框。

（5）添加字段：点击工具栏的【添加】按钮➕▾的下拉按钮，在弹出的该专题图图层的所有字段列表中点击需要添加的统计字段前面的方框，如图 7-21 所示。

（6）颜色方案：【颜色方案】组合框下拉列表中列出了系统提供的颜色方案，选择需要的配色方案，系统会根据选择的颜色方案自动分配每个渲染字段值所对应的专题风格。用户可通过点击该组合框右侧的下拉按钮，在弹出的下拉列表中选中某一个颜色方案，当前统计专题图的每个统计字段根据颜色方案的颜色变化模式被赋予不同的颜色。

（7）统计图类型：系统提供了 11 种统计图供用户选择，包括折线图、点状图、柱状图、三维柱状图、饼状图、三维饼状图、玫瑰图、三维玫瑰图、堆叠柱状图、三维堆叠柱

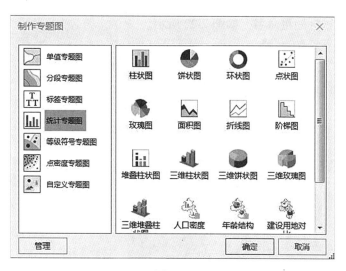

图 7-20

图 7-21

状图、环状图。这里选择【饼状图】。

(8) 统计值计算方法：用于确定统计图大小以及统计图中各专题变量所占的比例。系统提供了三种统计值计算方法：常量、对数和平方根。对于有值为负数的字段，不可以选择对数和平方根的统计值计算方法。这里选择【常量】。

(9) 对两个字段标题重命名，如图 7-22 所示。

图 7-22

(10) 打开【高级】选项卡设置相应参数，如图 7-23 所示。

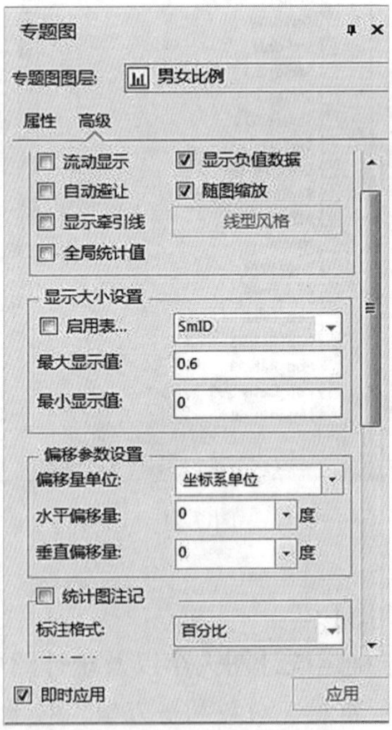

图 7-23

(11)单击【应用】,完成设置,效果如图 7-24 所示。

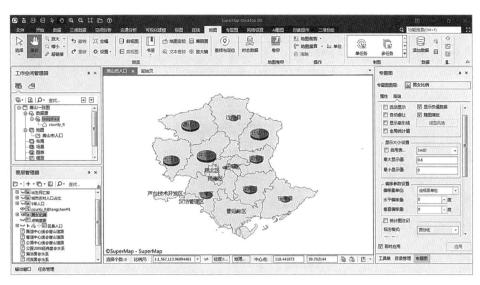

图 7-24

(12)在图层管理器中右键单击新增加的专题图图层,选择【重命名】,修改专题图图层名称为【统计专题图-饼状图】。

【统计专题图】窗口详细介绍可参考联机帮助。

5)等级符号专题图

实例:打开工作空间【tangshan.smwu】中数据源 tangshan 下的【county_R】数据集,利用【Pup_1999】属性字段制作等级符号专题图。

具体操作步骤如下:

(1)启动 SuperMap iDesktop 应用程序。

(2)打开工作空间【tangshan.smwu】,双击【county_R】数据集,加载数据到地图窗口。

(3)右键单击图层管理器中的【county_R】矢量图层节点,选择【制作专题图】命令,弹出【制作专题图】对话框,如图 7-25 所示,选择【等级符号专题图】中【默认】项,创建相应的专题图。

图 7-25

(4)创建专题图后,在弹出的【专题图】窗口中,在【属性】选项卡中设置【表达式】为【总人口】,【分级方式】选择【常量】,其他参数保留默认设置,如图 7-26 所示。

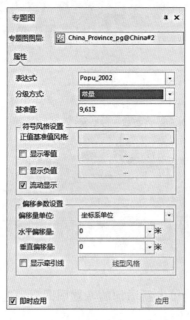

图 7-26

(5)单击【应用】,完成设置,效果如图 7-27 所示。

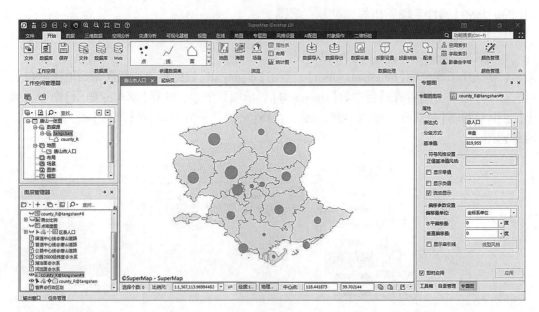

图 7-27

(6)在图层管理器中右键单击新增加的专题图图层,选择【重命名】,修改专题图图层名称为【等级符号专题图】。

【等级符号专题图】窗口详细参数介绍可参考联机帮助。

6) 点密度专题图

实例：打开工作空间【tangshan.smwu】，双击数据源 tangshan 下的【BaseMap_R】数据集，利用农村人口属性字段【county_R】制作点密度专题图。

具体操作步骤如下：

(1) 启动 SuperMap iDesktop 应用程序。

(2) 打开工作空间【tangshan.smwu】，双击【county_R】数据集，加载数据到地图窗口。

(3) 右键单击图层管理器中的【county_R】矢量图层节点，选择【制作专题图】命令，弹出【制作专题图】对话框，选择【点密度专题图】中【默认】项，创建相应的专题图，如图 7-28 所示。

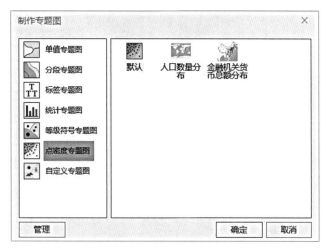

图 7-28

(4) 创建专题图后，在弹出的【专题图】窗口中，选择【属性】，设置【表达式】为【总人口】，在【最大包含点数】数字显示框中设置点密度数值为 1000，其他参数保留默认设置，如图 7-29 所示。

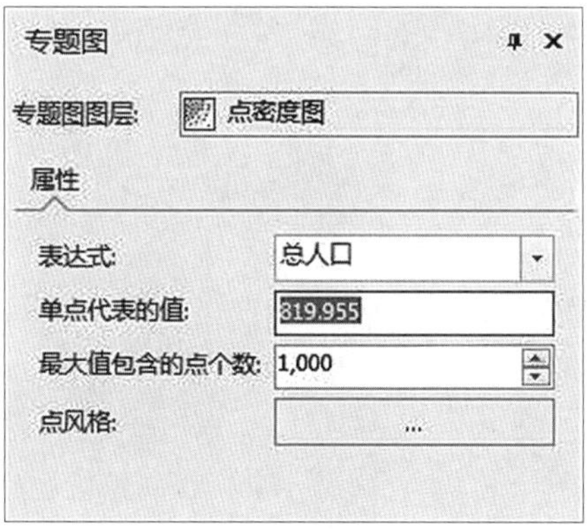

图 7-29

(5)单击【应用】,完成设置,效果如图 7-30 所示。

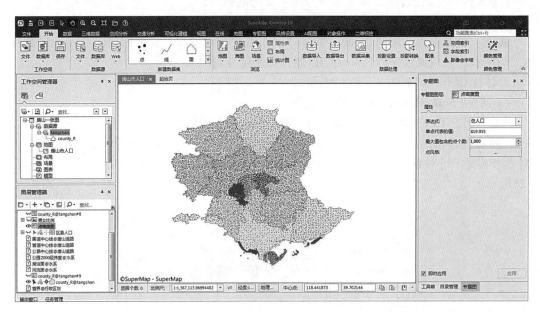

图 7-30

(6)在图层管理器中右键单击新增加的专题图图层,选择【重命名】,修改专题图图层名称为【点密度专题图】。

【点密度专题图】窗口详细参数介绍可参考联机帮助。

(五)拓展练习

打开示范数据 tangshan,使用【tangshan】数据集,制作各市名称的标签专题图,1992年、1995年、1999年的人口统计专题图。

实验八 地图符号制作

(一)实验目的

(1)理解 SuperMap iDesktop 符号组织管理的方式。
(2)掌握 SuperMap iDesktop 中点状符号、线状符号、面状符号以及三维符号的制作方法。

(二)实验内容

完成二维和三维的点符号和线符号制作,以及填充符号的制作。

(三)实验数据

实验数据 \ 实验八 \ 地图符号制作 \ 符号制作数据。

(四)实验步骤

1. 打开符号库窗口的方式

在应用程序中,符号库有两种表现形式,一种为【符号库】窗口,主要用于加载、浏览、管理符号库文件;另一种为【风格设置】窗口,既可用于设置点、线、面对象的风格,也可加载、浏览、管理符号库文件。这两种类型的符号库窗口的界面和操作方式基本相同。

打开符号库窗口的途径有以下几种:

1)通过工作空间管理器打开符号库窗口

在工作空间管理器中,展开资源节点,其下有三个子节点,分别为:符号库、线型库和填充库,分别对应管理点符号、线符号和填充符号,而符号库窗口则可以通过任意子节点的右键菜单打开,具体操作如下:

(1)右键单击符号库子节点,在弹出的右键菜单中选择【加载点符号库...】,打开的符号库窗口中默认加载的是系统提供的预定义点符号库。

(2)右键单击线型库子节点,在弹出的右键菜单中选择【加载线符号库...】,打开的符号库窗口中默认加载的是系统提供的预定义线符号库。

(3)右键单击填充库子节点,在弹出的右键菜单中选择【加载填充符号库...】,打开的符号库窗口中默认加载的是系统提供的预定义填充符号库。

2)通过图层管理器打开风格设置窗口

在图层管理器中,双击某个图层节点的符号图标,可以打开符号库窗口,如图8-1所示。

（1）双击点类型图层的符号图标，弹出风格设置窗口，默认加载的是系统提供的预定义点符号库。

（2）双击线类型图层的符号图标，弹出风格设置窗口，默认加载的是系统提供的预定义线符号库。

（3）双击填充类型图层的符号图标，弹出风格设置窗口，默认加载的是系统提供的预定义填充符号库。

图 8-1

3）通过功能区中的【图层风格】选项卡打开风格设置窗口

功能区中与地图窗口（或布局窗口）关联的【图层风格】选项卡可用于设置地图图层（或布局元素）的符号风格，在设置符号风格时也可以打开风格设置窗口。具体操作如下：

（1）设置点符号风格时，单击【风格设置】选项卡中【点风格】组的【点符号】下拉按钮，在弹出的点符号资源列表中单击底部的【更多符号...】按钮，打开风格设置窗口，默认加载的是系统提供的预定义点符号库。

（2）设置线符号风格时，单击【风格设置】选项卡中【线风格】组的【线符号】下拉按钮，在弹出的点、线符号资源列表中点击底部的【更多符号...】按钮，打开风格设置窗口，默认加载的是系统提供的预定义线符号库。

（3）设置填充符号风格时，单击【风格设置】选项卡中【填充风格】组的【填充符号】下拉按钮，在弹出的填充符号资源列表中单击底部的【更多符号...】按钮，打开风格设置窗口，默认加载的是系统提供的预定义填充符号库。

2. 绘制点符号

1）获取二维点符号

获取二维点符号方式有：编辑已有符号、绘制新的符号、导入其他文件作为点符号、从已有符号库中复制符号。

（1）编辑已有符号。

如图 8-2 所示，选择需要进行编辑的已有符号【三角点】，点击菜单栏的【编辑】按钮，选择下拉菜单【编辑符号】可以对该符号进行编辑，如图 8-3 所示。

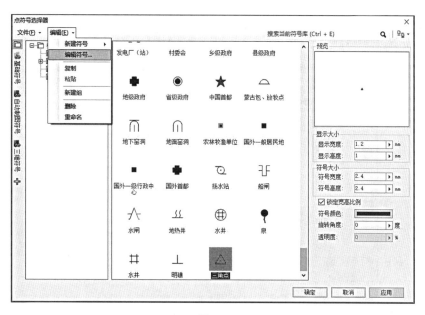

图 8-2

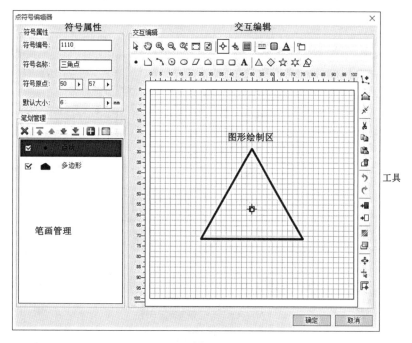

图 8-3

(2)绘制新的符号。我们以符号☆为例,进行绘制。

① 点击菜单栏【编辑】选项,选择【新建符号】,选择【新建二维符号】,弹出【点符号编辑器】对话框,如图 8-4 所示,进行符号绘制。

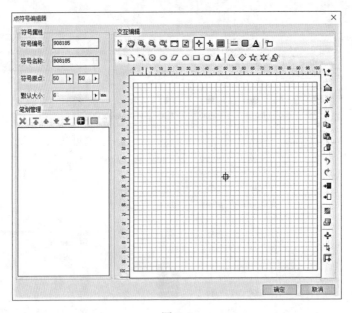

图 8-4

② 选择【对象绘制】中的【参数化正多边形】按钮,参数设置如图 8-5 所示,单击【确定】按钮。

图 8-5

③ 捕捉到中心点进行拖动绘制,达到要求尺寸后单击,结束绘制,如图 8-6 所示。

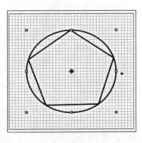

图 8-6

④ 绘制五角星，不保留外接圆。然后从中心点开始绘制，捕捉到右下角点后单击结束绘制，如图 8-7 所示。

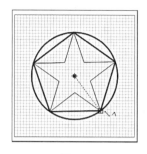

图 8-7

⑤ 单击右侧【对象编辑】栏中的【转换成多边形】按钮➡️▇，将所绘图形由线转换成面，如图 8-8 所示。

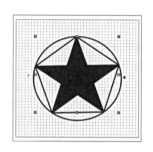

图 8-8

⑥ 修改对象颜色。当前对象笔画为三画，分别为多边形五角星，线对象外接圆以及线对象外接五边形。选择多边形，点击【属性】按钮▇，设置【画笔颜色】、【画刷颜色】为红色，单击【确定】。操作结果如图 8-9 所示。

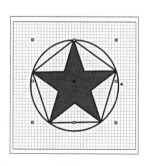

图 8-9

⑦【符号名称】改为【五角星】，【符号编码】采用默认编码，单击确定，完成绘制。此时，符号库会增加刚刚绘制好的【五角星】符号，如图 8-10 所示。

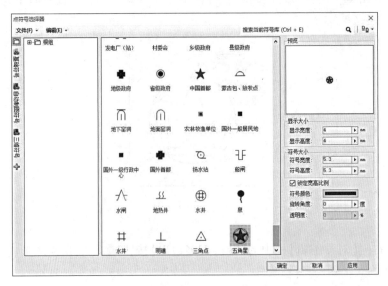

图 8-10

⑧ 右键单击【根组】,选择【新建组】,新建【我的分组】,将新绘制的【五角星】符号拖拽到【我的分组】,方便管理,如图 8-11 所示。

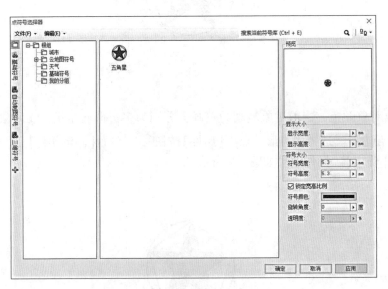

图 8-11

(3) 导入其他文件作为点符号。
① 导入栅格图片作为符号,支持格式 *.png、*.jpg、*.jpeg、*.bmp、*.ico。
② 导入 AutoCAD 文件,支持格式 *.dxf、*.dwg。
③ 导入 TrueType 字体。
在【点符号选择器】中,选择【文件】→【导入】,选择相应的导入选项进行导入,如

图8-12所示。

图8-12

(4)导出符号库文件。

通过保存符号库,将绘制、导入的符号进行保存。可以将当前符号库、某符号分组、某几个符号进行导出保存。

① 导出当前符号库:单击【文件】→【导出】→【导出点符号库文件...】,选择保存路径,如图8-13所示。

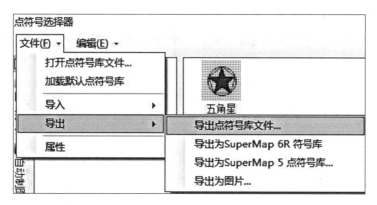

图8-13

② 导出【我的分组】符号组:右键单击【我的分组】→【导出...】→【导出点符号库文件】,再选择保存路径,如图8-14所示。

③ 导出指定符号:选择指定符号,单击右键选择【点符号导出成库文件...】,指定保存路径,如图8-15所示。

2)制作三维点符号

三维点符号实际上是导入模型文件,模型文件支持格式 *.sgm,3ds。

这里我们以制作三维汽车点符号为例进行说明,具体步骤如下:

(1)打开【符号库】窗口,选择【我的分组】,点击菜单栏【编辑】选项,选择【新建符号】,选择【新建三维符号】,打开【三维点符号编辑器】对话框。

图 8-14

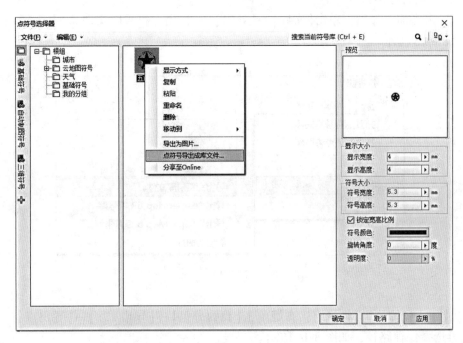

图 8-15

（2）点击【设置模型】，导入相应模型，这里我们导入*.sgm格式的汽车模型，将符号名称改为【三维汽车】，【缩放比例】结合实际进行调整，这里我们改为【2】，单击【设置快照】，生成快照。单击【确定】，完成编辑。效果如图8-16所示。

（3）在【我的分组】中将添加【三维汽车】符号，【我的分组】列表中所显示的图片即为步骤(2)中的快照设置，如图8-17所示。

106

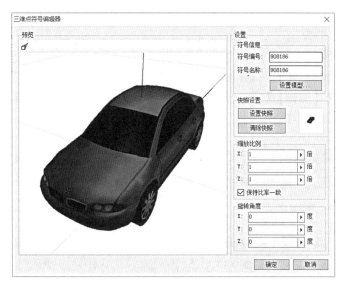

图 8-16

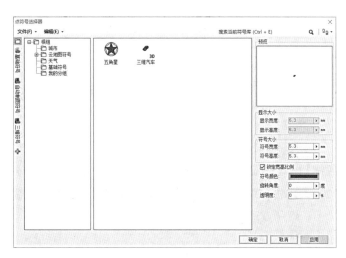

图 8-17

3. 绘制线符号

线型是通过线的不同类型、颜色、宽度、不同的组合来直观地描述和表达几何线对象。

线符号的组织方式：线型符号由若干子线构成，通过子线的不同形式和风格样式来构建所需的线型符号。

1）制作二维铁路符号

制作铁路线型要求如下：

子线 1（上层）：线型：短横线；虚实模式：实部 40，虚部 40；线宽：1.8 毫米；颜色：白色；端头样式：平头。

子线2(下层)：线型：短横线；虚实模式：实部40，无虚部；线宽：2毫米；颜色：黑色；端头样式：平头。

具体操作步骤如下：

(1)双击【线型符号库】，打开【线型符号库】对话框。

(2)点击菜单栏【编辑】选项选择【新建符号】，选择【新建二维线型】，打开【线型符号编辑器】对话框，如图8-18所示。

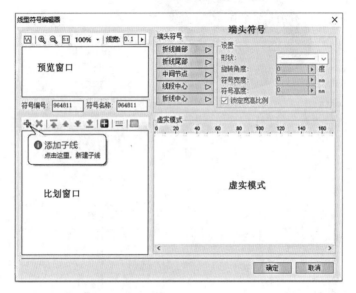

图8-18

(3)在【符号名称】输入【铁路】，下层线型选择【短横线】(图8-19)，右键单击虚部，选择【删除】(图8-20)。单击【属性】按钮，弹出【属性】对话框，【端头样式】选择【平

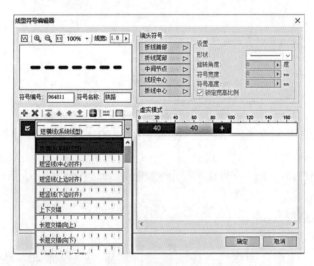

图8-19

头】,【固定颜色】设为黑色,【固定线宽】设为 2mm,如图 8-21 所示。到此,底层线型设置完成。

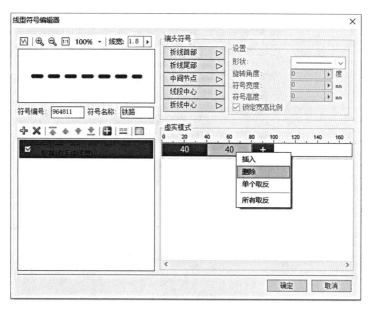

图 8-20

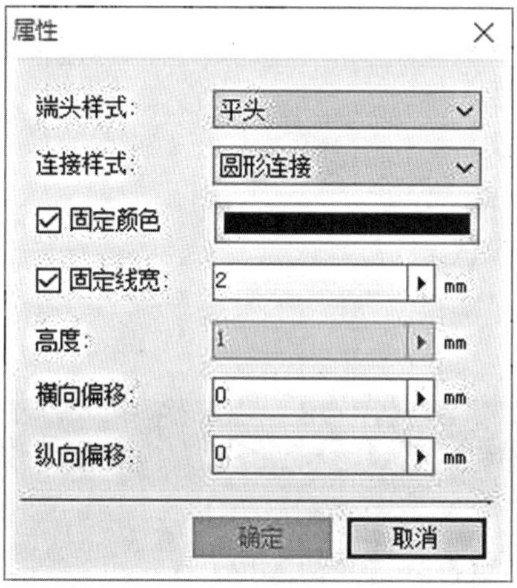

图 8-21

(4)继续添加一条短横线,实部 40,虚部 40,属性设置为:端头样式为平头;颜色为白色;线宽为 1.8mm(图 8-22),单击【确定】。到此,上层线型设置完毕。

(5)返回到【线型符号选择器】对话框,单击【确定】,完成二维铁路符号绘制,如图 8-23 所示。

2)制作三维公路线型

预计三维公路制作效果如图 8-24 所示。

109

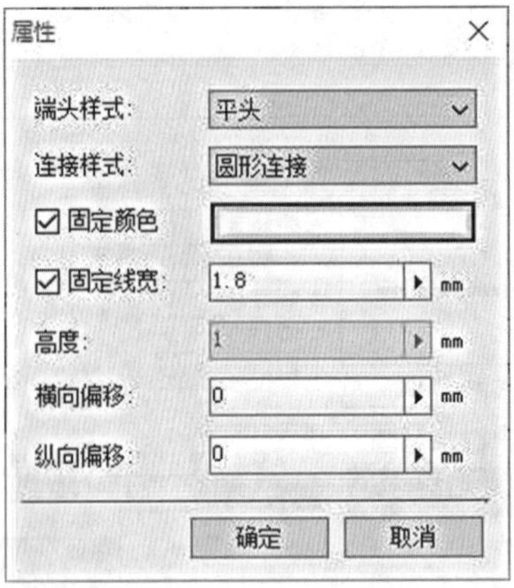

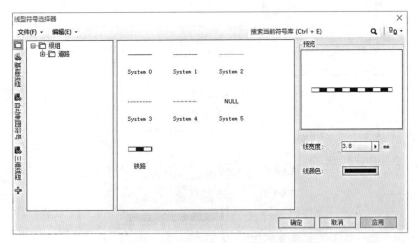

图 8-22

图 8-23

图 8-24

(1)在【我的分组】中点击菜单栏【编辑】选项,选择【新建符号】,选择【新建三维线型】,打开【三维线型符号编辑器】,如图 8-25 所示。

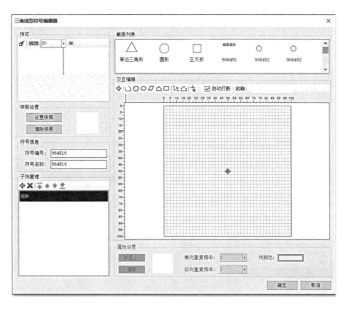

图 8-25

（2）单击 ▢，在原点所在的线上用默认子线绘制草地截面。编辑区域上的"✥"（原点），为 X、Y、Z 三轴的交点，在空间上位于地表上。

单击【属性设置】中的【浏览】选项，选择公路面贴图 caodi.jpg，【横向重复频率】设为【20】，如图 8-26 所示。

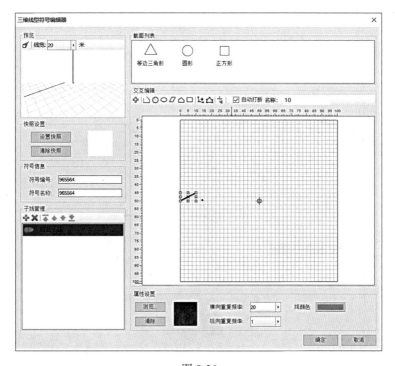

图 8-26

（3）单击 ▱，在草地的右侧端点用默认子线绘制公路截面。单击【属性设置】中的【浏览】选项，选择公路面贴图 gonglumian.jpg，【横向重复频率】设为【20】，如图 8-27 所示。

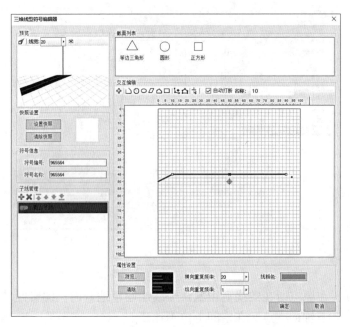

图 8-27

（4）单击 ▱，在原点所在的线上用默认子线绘制草地截面。单击【属性设置】中的【浏览】选项，选择公路面贴图 caodi.jpg，【横向重复频率】设为【20】，如图 8-28 所示。

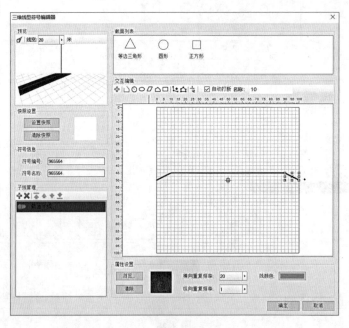

图 8-28

(5)为公路两侧添加树木。在左侧【子线管理】中添加子线,双击已添加的子线,切换为【模型子线】(图8-29),选择所需树木模型。由于树木默认在路中央,路宽为20米,将【Y方向偏移】改为【10】米。以同样的方法添加公路另一侧树木,注意此时【Y方向偏移】应为【-10】米,【X方向偏移】设为【10】米,以便将两侧树木位置错开,达到美观效果,如图8-30所示。

图 8-29

图 8-30

(6)调整好预览图形位置,设置快照,【符号名称】改为【三维公路】,单击【确定】,完成制作,如图8-31所示。

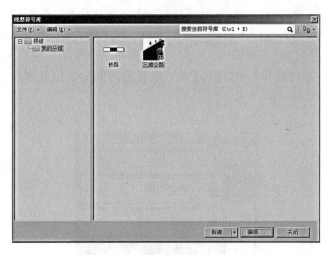

图 8-31

4. 制作填充符号

填充符号可以由若干个图像填充或符号填充构成,通过设置子填充的风格或样式来构建填充符号。

子填充类型:背景图片填充、符号填充。

填充单元:在填充区域绘制填充的最小单元,由所有子填充叠加构成。

(1)双击【填充符号库】,打开【填充符号库】对话框,点击菜单栏【编辑】选项选择【新建符号】,选择【新建二维填充】,打开【填充符号编辑器】对话框,如图 8-32 所示。

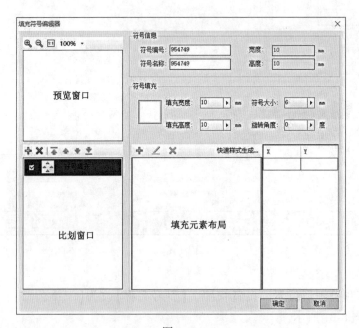

图 8-32

(2)选择【图像填充】(图8-33),选择*.png格式图像Fill.png,单击【打开】,导入填充图像。将【填充高度】、【填充宽度】均设置为【26.7】,如图8-34所示。

图8-33

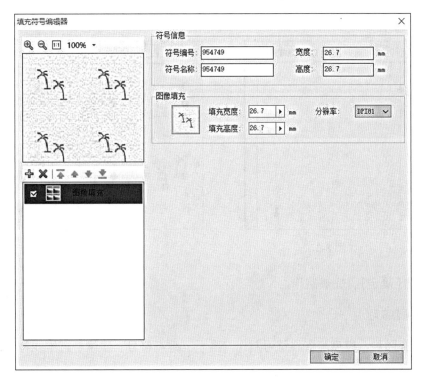

图8-34

(3)继续添加【符号填充】,单击【符号填充】中的空白按钮,添加符号,这里我们随机选择果园符号，设置符号大小及填充高度、宽度,单击【确定】。单击【添加】按钮，然后可在空白区域根据实际需要绘制所需符号数量,这里我们随机绘制两个,如图8-35、图8-36所示。

　　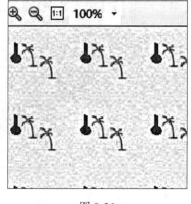

图 8-35　　　　　　　　　　　图 8-36

（4）参考预览图像，通过【修改】按钮 ∠ 调整古迹符号位置，直到达到满意效果，如图 8-37、图 8-38 所示。

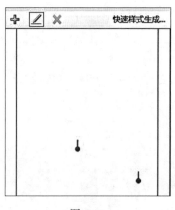　　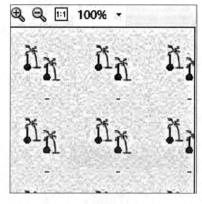

图 8-37　　　　　　　　　　　图 8-38

（5）单击【确定】，完成制作。

(五) 拓展练习

利用已有图像、模型等资料练习制作二维、三维点符号，二维、三维线符号以及填充符号。

实验九　排版出图

(一)实验目的

(1)掌握保存制作成功的地图的方法。
(2)掌握能够按照一定的纸张要求设置布局版面的方法。
(3)掌握在地图版面上添加各种制图要素，并进行排版的方法。
(4)掌握能保存布局(模板)，并打印输出的方法。

(二)实验内容

(1)练习保存地图。
(2)练习设置布局版面。
(3)练习调整布局元素的分布。
(4)练习布局的保存与输出。

(三)实验数据

实验数据\实验九\tangshan.smwu。

(四)实验步骤

1. 保存地图

地图的制作过程包括：
(1)将要制作地图的空间数据显示于同一个平面地图窗口中；
(2)对图层进行必要的专题图渲染或者风格设置；
(3)保存地图；
(4)保存工作空间。

前2个过程详见"实验七　专题图制作"，本实验主要讲述如何保存地图，保存地图也是制作地图的前提和基础。

具体操作步骤如下：
(1)启动 SuperMap iDesktop 应用程序。
(2)打开工作空间 tangshan.smwu。
(3)打开制作好的统计专题图地图，如图9-1所示。
(4)使当前地图窗口中没有选中的对象。在地图窗口中右键单击鼠标，在弹出的右键菜单中选择【地图另存为】命令，如图9-2所示。

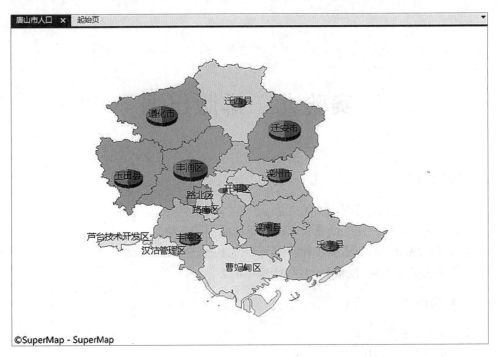

图 9-1

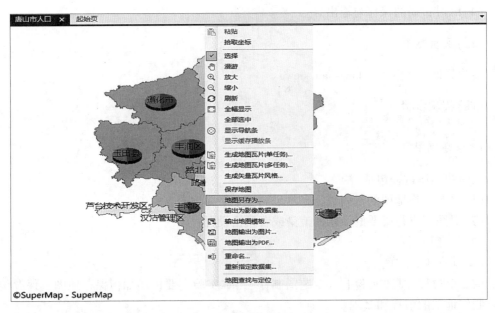

图 9-2

① 若当前地图为新增地图，则弹出【地图另存为】对话框（图 9-3），在对话框中输入新地图的名称，点击【确定】按钮即可。

② 若当前地图是工作空间中已有的地图，则会将对地图的修改保存到当前地图中。

地图保存后，在工作空间管理器中的地图集合节点下将增加一个新的地图节点，该节点对应刚刚保存的地图。

图 9-3

2. 设置布局版面

1）新建布局

具体操作步骤如下：

SuperMap iDesktop 提供了两种新建布局窗口的方式：

(1) 在功能区【开始】选项卡的【浏览】组下单击【布局】项的下拉箭头，在弹出的菜单中选择【新建布局窗口】，如图 9-4 所示。

图 9-4

(2) 右键单击工作空间管理器中的布局集合节点，在弹出的右键菜单中选择【新建布局窗口】（图 9-5），即可新建一个布局窗口，如图 9-6 所示。

图 9-5

图 9-6

2) 设置布局参数
(1) 设置布局窗口：
单击【布局】选项卡的【布局属性】功能控件，打开的【布局属性】界面中组织了在布局窗口进行各种布局设置的功能，如图 9-7 所示。

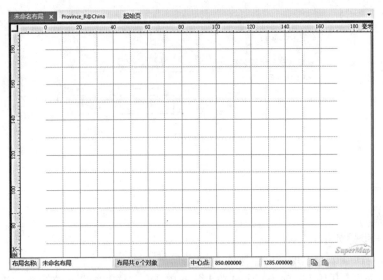

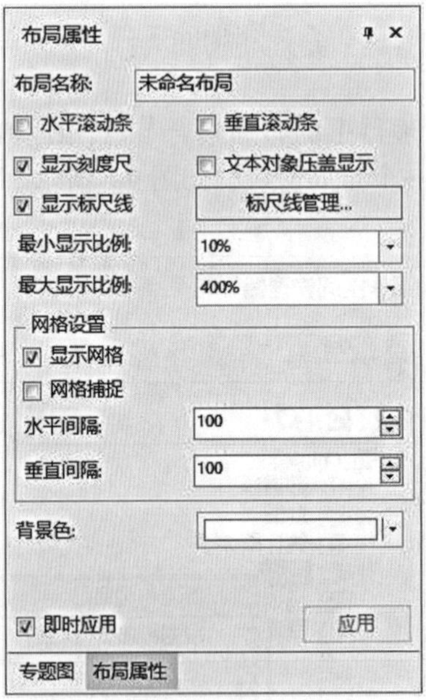

图 9-7

【布局属性】界面中，包含以下相关设置：

① 网格相关的设置，包括：是否显示网格、是否支持网格捕捉以及网格间隔的设置等；

② 标尺线相关的设置，包括：是否显示网格、是否支持网格捕捉以及网格间隔的设置等；

③ 设置和控制当前布局窗口显示效果的功能控件，包括水平滚动条、垂直滚动条、最小显示比例、最大显示比例；

④【布局背景颜色】标签选项用于设置布局窗口的背景色。

⑤ 设置和控制当前布局窗口文本对象压盖显示的功能控件，文本对象压盖显示。

以上参数设置可参考联机帮助，这里不再一一赘述。对于本实例，我们仅将【网格设置】中的【显示网格】取消，【水平间隔】、【垂直间隔】均设为【100】。

（2）设置布局页面：

在【布局】选项卡的【页面设置】组中，组织了在布局窗口进行各种页面设置的功能，包括：布局页面的纸张方向、大小、页边距设置等，如图 9-8、图 9-9 所示。

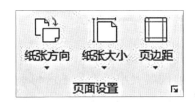

图 9-8

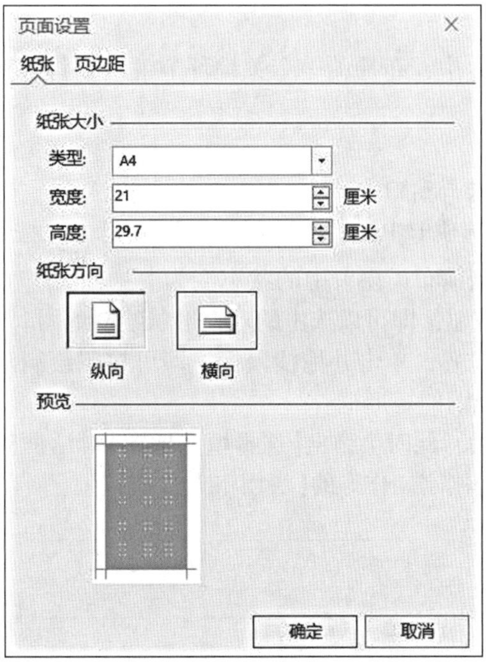

图 9-9

①【布局属性】界面中的【纸张背景色】标签选项,用于设置当前布局窗口中布局页面的纸张背景的填充颜色。在布局页面打印时,设置的纸张背景色会随着布局页面一并输出。

②【布局】选项卡中【页面设置】组的【纸张方向】按钮,用于设置当前布局窗口中布局页面的纸张方向。应用程序提供了纵向和横向两种不同页面方向供用户选择,系统默认为纵向。这里我们选择横向。

③【布局】选项卡中【页面设置】组的【纸张大小】按钮,用于设置当前布局窗口中布局页面的纸张尺寸大小。应用程序提供了大量的布局页面类型供用户直接选择,用户可以很方便地在【纸张大小】下拉菜单中,或者在【页面设置】组对话框中选择合适的布局纸张尺寸。同时支持用户自定义纸张大小。这里我们采用默认设置。

④【布局】选项卡中【页面设置】组的【页边距】按钮,用于设置当前布局窗口中页面的边距大小。用户可以很方便地在【页边距】下拉菜单中选择一种系统与定义的纸张边距,或者在【页面设置】组对话框中自定义设置页边距的大小。这里我们采用默认设置。

⑤【布局】选项卡中【页面设置】组可设置布局窗口横向或纵向的浏览页数,所显示的总页数是纵向页数×横向页数。

3) 添加制图要素

地图在以纸介等非电子格式输出和物理存储时,由于受到存储介质的限制,需要以一定的大小按图幅切割输出,一般图幅大小标准是 50×40cm、50×50cm 两种规格。为了便于纸介地图的识别和保存,电子地图在以图幅方式输出时,需要增加许多辅助要素,包括地图、指北针、图名、图例、比例尺、图廓、图幅接合表、制图单位和制图日期说明等,对地图信息进行说明。在这些制图要素中,地图是最重要的要素,其他要素都是用以辅助说明地图的。

在 SuperMap iDesktop 中,布局的一个关键环节就是要将各种制图要素添加到一个设置好的布局版面上。

(1) 添加地图要素。

① 添加地图要素到布局窗口。

a. 单击【对象操作】选项卡中【对象绘制】组的【地图】下拉按钮,在弹出的下拉菜单中选择【矩形】项,鼠标在当前布局窗口中的状态变为 ⊞。(用户也可以单击下拉列表中其他类型填充形状对应的按钮,即可以选中的填充形状绘制地图。)

b. 在待绘制地图的位置,单击并拖拽鼠标,即可按照绘制矩形的方式在当前布局窗口中绘制一个用于填充地图的矩形框。

c. 矩形框绘制完成后,此时会弹出【选择填充地图】对话框(图 9-10),要求用户选择一幅地图。这里我们选择刚刚制作好的【唐山市人口图】。

图 9-10

d. 单击【确认】按钮后，即可按【矩形填充方式绘制所选地图】，如图 9-11 所示。

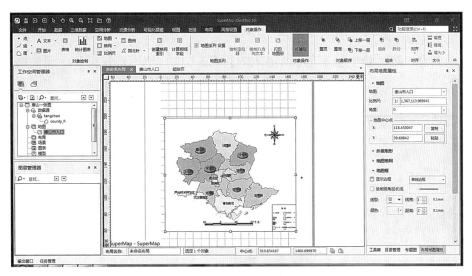

图 9-11

e. 修改地图的属性。双击待修改属性的地图对象，或者选中地图对象，单击右键，在弹出的右键菜单中选择【属性】项，即可弹出【属性】窗口，设置地图的比例尺和边框，如图 9-12 所示。

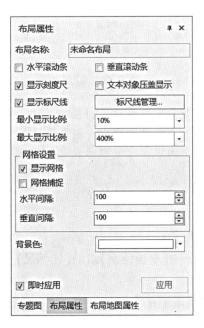

图 9-12

② 调整地图要素的显示范围。
a. 选中要进行调整的地图要素；

b. 单击【布局】选项卡【地图操作】组中的【锁定地图】按钮，此时，当前被选中的地图呈锁定状态；

c. 点击【地图操作】组中的其他按钮，对地图要素进行放大、缩小、自由缩放、平移、全幅显示等基本操作；

d. 重新点击第二步中按下的【锁定地图】按钮，进行地图解锁操作。调整结果如图9-13所示。

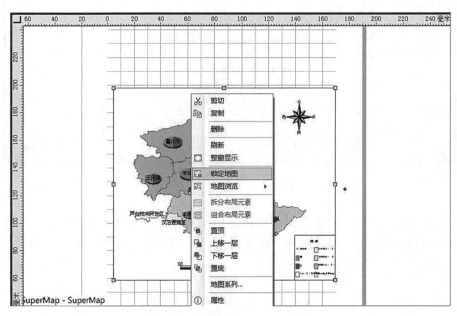

图 9-13

◇小提示：

锁定地图后，只可以对布局地图要素进行操作，而不能对布局版面以及其他的地图要素进行操作，如要对其他要素进行操作，则需先进行解锁操作。

如要调整地图要素的数据内容，以及显示风格，需要重新制作地图，在布局版面中不能进行。

（2）添加比例尺。

① 选中布局窗口中的地图。

② 单击【对象操作】选项卡中【对象绘制】组的【比例尺】按钮，鼠标在当前布局窗口中的状态变为 ，

③ 在当前布局窗口中需要绘制比例尺的位置，单击并拖拽鼠标，即可基于选中地图的属性绘制该地图的比例尺。

④ 修改比例尺的属性：双击待修改属性的比例尺对象；或者选中比例尺对象，单击右键，在弹出的右键菜单中选择【属性】项，即可弹出【属性】窗口。与比例尺对象关联的【属性】窗口用于设置比例尺的类型、单位、小节宽度、小节个数、左分个数、字体风格

等各项参数。该【属性】窗口中的各项参数设置都会实时地反映到当前布局窗口中，即实现所见即所得。参数设置如图9-14所示。

图 9-14

(3)绘制图例。

① 选中布局窗口中需要绘制图例的地图。

② 单击【对象操作】选项卡中【对象绘制】组的【图例】按钮，鼠标在当前布局窗口中的状态变为 。

③ 在当前布局窗口中需要绘制图例的位置，单击并拖拽鼠标，即可基于选中地图的属性绘制该地图的图例。

④ 修改图例的属性。双击待修改属性的图例对象；或者选中图例对象，单击右键，在弹出的右键菜单中选择【属性】项，即可弹出【属性】窗口。与图例对象关联的【属性】窗口用于设置图例的标题及其风格、图例列数、图例宽度与长度、填充颜色、图例边框间距等各项参数。在该【属性】窗口中的各项参数设置都会实时反映到当前布局窗口中，即实现所见即所得。参数设置如图9-15所示。

(4)绘制指北针。

① 选中布局窗口中需要绘制指北针的地图。

② 单击【对象操作】选项卡中【对象绘制】组的【指北针】按钮，鼠标在当前布局窗口中的状态变为 。

③ 在当前布局窗口中需要绘制指北针的位置，单击并拖拽鼠标，即可基于选中地图的属性绘制该地图的指北针。

④ 修改指北针的属性。双击待修改属性的指北针对象；或者选中指北针对象，单击右键，在弹出的右键菜单中选择【属性】项，即可弹出【属性】窗口。与指北针对象关联的

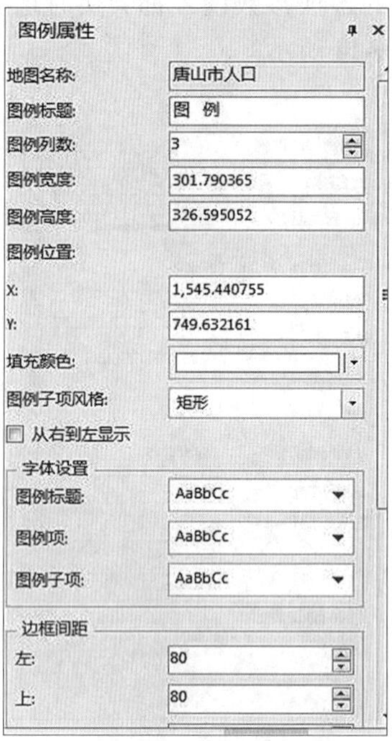

图 9-15

【属性】窗口用于设置指北针的样式、旋转角度、宽度、高度等各项参数。在该【属性】窗口中的各项参数设置都会实时反映到当前布局窗口中，即实现所见即所得。参数设置如图 9-16 所示。

图 9-16

(5)绘制几何对象和文本。

【对象操作】选项卡上的【对象绘制】组可用于在布局窗口中绘制点、线、面等几何对象(图9-17),基本操作方式与在地图窗口中绘制几何对象类似。但是目前布局中的绘制不支持输入坐标或者输入参数的绘制方式。

图9-17

应用程序可以通过【对象绘制】组中提供的工具,在布局窗口中绘制各种可直接创建的点、线、面几何对象类型,共提供了20种可直接绘制的几何对象类型。读者可以参考联机帮助进行学习,这里不再赘述。

3. 调整布局元素的分布

1)组合布局元素
(1)选中布局窗口中的两个或多个布局元素。
(2)单击【组合】按钮(图9-18),即将选中的所有布局元素组合为一个布局对象,也可在布局窗口单击右键,选择【组合分布元素】(图9-19)。

图9-18

图9-19

2)拆分布局元素
如果需要对已组合的布局元素分别进行属性修改,可以进行拆分布局元素。
(1)选中布局窗口中的一个组合布局对象。
(2)单击【拆分】按钮,即将选中的组合布局元素拆分为单个布局元素。或选择已经组合的布局元素,单击右键,选择【拆分布局元素】。

3)调整布局元素的叠加顺序

【对象操作】选项卡的【对象顺序】组，组织了在布局窗口中设置布局元素叠加顺序的功能，包括：置顶、置底、上移一层、下移一层4种方式，如图9-20所示。

图 9-20

4）调整布局元素的对齐方式

【对象操作】选项卡的【对齐】组，组织了在布局窗口进行布局元素对齐排列的设置功能，如图9-21所示。

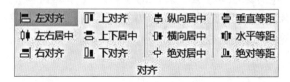

图 9-21

5）调整布局元素的大小

【对象操作】选项卡的【大小】组，组织了将布局窗口中选中的布局元素设置相等大小、相等宽度或相等高度的功能，如图9-22所示。

图 9-22

4. 布局的保存与输出

1）保存布局

【保存布局】命令用来保存当前布局窗口中的布局，该操作只能将布局保存到工作空间中，只有进一步保存了工作空间，布局才能最终保存下来。当再次打开工作空间时，才能获取所保存的布局。

（1）确定当前布局窗口中没有选中的对象。

（2）在布局窗口中单击鼠标右键，在弹出的右键菜单中选择【保存布局】命令。

（3）单击【开始】选项卡【工作空间】组中的【保存】按钮，保存工作空间。

2）布局的输出

(1)布局输出为图片。

① 在当前布局窗口中,根据需要完成布局制作后,单击鼠标右键,选择【输出为图片…】选项,弹出【输出为图片】对话框,将制作好的布局转换成通用的图片格式(诸如 JPG 文件、PNG 文件、位图文件以及 TIFF 影像数据等格式)进行输出,如图 9-23 所示。

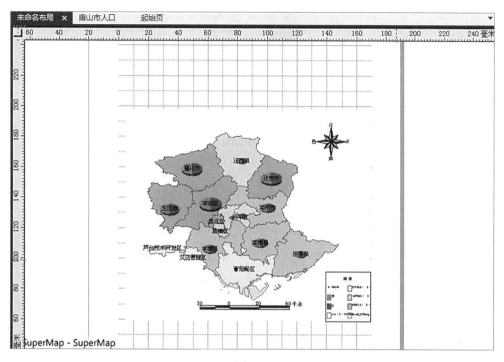

图 9-23

② 用户可在该对话框中对输出图片的属性进行设置,包括输出的图片的名称、图片类型、保存路径、DPI 以及是否分页输出等,如图 9-24 所示。

图 9-24

③ 设置完成后,单击【输出为图片】对话框中的【确定】按钮即可。

(2)打印布局。

选择【布局】选项卡中【文件操作】组的【打印】下拉按钮(图9-25),可预览并打印当前布局窗口中布局页面显示的所有内容。

图9-25

① 打印:

a. 单击【打印】下拉菜单中【打印...】项,弹出【打印】对话框(图9-26),在该对话框中选择打印机并对其进行设置。

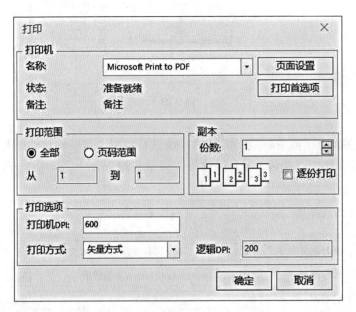

图9-26

b. 单击【打印】对话框中的【页面设置】按钮,弹出【打印页面设置】对话框,如图9-27所示。【打印页面设置】对话框中可根据需要选择合适的纸张大小、纸张方向、页边距、采用当前页面设置等参数。

c. 单击【确定】按钮,完成操作。

② 打印预览:

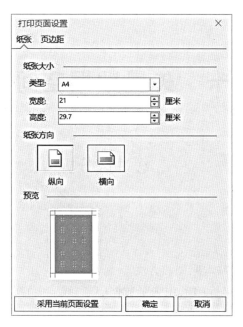

图 9-27

a. 单击【打印】下拉按钮，在弹出的下拉菜单中单击【打印预览】选项，即可预览布局打印的内容。

b. 打印预览的部分为布局窗口中布局页面及其上绘制的所有布局元素，预览的过程中布局页面所在区域以灰色显示。

c. 再次单击【打印预览】项，结束打印预览。

(五) 拓展练习

利用制作完成的【唐山地区人口图】专题图，创建布局，添加布局要素(比例尺、指北针、图例、图名等)，调整布局版面，进行布局保存和图片输出。

实验十　矢量数据空间分析

一、缓冲区分析

(一)实验目的

(1)了解缓冲区的含义。
(2)了解缓冲区分析的基本原理和方法。
(3)掌握 SuperMap iDesktop 10i 中矢量数据(点、线、面)缓冲区分析方法。

(二)实验内容

(1)练习生成单缓冲区的一般操作流程。
(2)根据已采集的道路中心线,生成一定宽度的道路面。
(3)练习生成多重缓冲区的操作流程。

(三)实验数据

实验数据\实验十\Spatial Analyst.udb。

(四)实验步骤

1. 生成单缓冲区

1)生成单缓冲区的具体操作
(1)在【分析】选项卡上的【矢量分析】组中,单击【缓冲区】按钮,在弹出的下拉菜单中选择【缓冲区】项,弹出【生成缓冲区】对话框,如图10-1所示。
(2)选择需要生成缓冲区的数据的类型。
(3)设置缓冲数据。
(4)设置缓冲类型。缓冲类型不同,需要设置的参数也不相同。
(5)设置缓冲单位。
(6)选择缓冲距离的指定方式。
(7)设置结果选项。需要对生成缓冲区后是否合并、是否保留原对象字段属性、是否添加到当前地图窗口以及半圆弧线段数值大小等项进行设置。
(8)设置结果数据。
(9)设置好以上参数后,点击【确定】按钮,执行生成缓冲区的操作。

图 10-1

对话框说明具体如下：

(1) 数据类型。

可以对点/面数据集或者线数据集生成缓冲区。对线数据生成缓冲区时需要设置缓冲类型，可以是圆头缓冲或者平头缓冲，而对点/面数据生成缓冲区时则不需要。所以，在对线数据生成缓冲区时，【生成缓冲区】对话框中会多出一些选项。这里以对线数据生成缓冲区为例，对【生成缓冲区】对话框中的参数予以说明。

(2) 缓冲数据。

① 数据源：选择要生成缓冲区的数据集所在的数据源。

② 数据集：选择要生成缓冲区的数据集。

系统根据生成缓冲区的数据类型，自动过滤选中的数据源下的数据集，只显示该数据源下的线数据集。如果是对点/面数据生成缓冲区，则只会显示相应的数据源下的点或者面数据集。

③ 只针对被选中对象进行缓冲操作：在选中某一数据集中对象的情况下，【只针对被选中对象进行缓冲】操作前面的复选框可用。勾选该项，表示只对选中的对象生成缓冲区，同时不能设置数据源和数据集；取消勾选该项，表示对该数据集下的所有对象进行生成缓冲区的操作，可以更改生成缓冲区的数据源和数据集。

(3) 缓冲类型。

① 圆头缓冲：在线的两边按照缓冲距离绘制平行线，并在线的端点处以缓冲距离为半径绘制半圆，连接生成缓冲区域。默认缓冲类型为圆头缓冲。

② 平头缓冲：生成缓冲区时，以线数据的相邻节点间的线段为一个矩形边，以左半径或者右半径为矩形的另外一边，生成形状为矩形的缓冲区域。

③ 左缓冲：对线数据的左边区域生成缓冲区。

④ 右缓冲：对线数据的右边区域生成缓冲区。

只有同时勾选【左缓冲】和【右缓冲】两项，才会对线数据生成两边缓冲区。默认为同时生成左缓冲和右缓冲。

(4) 缓冲单位。

缓冲距离的单位，可以为毫米、厘米、分米、米、千米、英寸、英尺、英里、度、码等。

(5) 缓冲距离的指定方式。

① A 数值型：勾选【数值型】，表示通过输入数值的方式设置缓冲距离大小。输入的数值为双精度型数字，小数点位数为 10 位。最大值为 1.79769313486232E+308，最小值为-1.79769313486232E+308。如果输入的值不在以上范围内，会提示超出小数位数。

　　a. 左半径：在【左半径】标签右侧的文本框中输入左边缓冲半径的数值大小。

　　b. 右半径：在【右半径】标签右侧的文本框中输入右边缓冲半径的数值大小。

② B 字段型：勾选【字段型】，表示通过数值型字段或者表达式设置缓冲距离大小。

　　a. 左半径：单击右侧的下拉箭头，选择一个数值型字段或者选择【表达式】，以数值型字段的值或者表达式的值作为左缓冲半径生成缓冲区。

　　b. 右半径：单击右侧的下拉箭头，选择一个数值型字段或者选择【表达式】，以数值型字段的值或者表达式的值作为右缓冲半径生成缓冲区。

（6）结果设置。

① 合并缓冲区：勾选该项，表示对多个对象的缓冲区进行合并运算。取消勾选该项，表示保留生成的缓冲区结果，不进行合并操作。

② 保留原对象字段属性：勾选该项，表示生成的每一个缓冲区会保留相应的原对象的非系统属性字段信息。取消勾选该项将会丢失原对象的非系统字段属性信息。默认为勾选该项。注意：当勾选【合并缓冲区】时，该项不可用。

③ 在地图窗口中显示结果：勾选该项，表示在生成缓冲区后，会将其生成的结果添加到当前地图窗口中。取消勾选该项，则不会自动将结果添加到当前地图窗口中。默认为勾选该项。

④ 半圆弧线段数(4~200)：用于设置生成的缓冲区边界的平滑度。数值越大，圆弧/弧段均分数目越多，缓冲区边界越平滑。取值范围为 4~200。默认的数值大小为 100。

（7）结果数据。

① 数据源：选择生成的缓冲区结果要保存的数据源。

② 数据集：输入生成的缓冲区结果要保存的数据集名称。如果输入的数据集名称已经存在，则会提示数据集名称非法，需要重新输入。

2）单缓冲区操作实例

实例：根据已采集的道路中心线，生成一定宽度的道路面。

具体操作步骤如下：

（1）新建【缓冲区分析.smwu】工作空间。

（2）添加数据集【Spatial Analyst.udb】。

（3）在【空间分析】选项卡上的【矢量分析】组中，单击【缓冲区】按钮，在弹出的下拉菜单中选择【缓冲区】项，弹出【生成缓冲区】对话框，如图 10-2 所示。

（4）选择需要生成缓冲区的数据类型为【线数据】。

（5）设置缓冲数据，数据集选择【RoadLine】。

（6）设置缓冲类型为【圆头】。

（7）设置缓冲单位为【米】。

（8）选择缓冲距离的指定方式为【数值型】，道路宽度设为 40 米，将左右半径设置为【20】。

（9）在结果设置中勾选【合并缓冲区】，保证缓冲区连续。

图 10-2

（10）设置结果数据。数据源选择【Spatial Analyst】，数据集命名为【Road_result】。

（11）单击【确定】按钮，执行生成缓冲区的操作，如图 10-3 所示，生成缓冲区后的效果如图 10-4 所示。

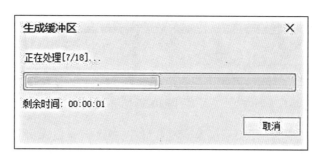

图 10-3

（12）将【Road_result】加载到工作空间已有的【RoadLine】图层中，更改【Road_result】图层风格，设置前景颜色为【黄色】，效果如图 10-5 所示。

2. 生成多重缓冲区

1）生成多重缓冲区的具体操作

（1）在【空间分析】选项卡上的【矢量分析】组中，单击【缓冲区】按钮，在弹出的下拉菜单中选择【多重缓冲区】项，弹出【生成多重缓冲区】对话框，如图 10-6 所示。

（2）设置缓冲数据。

（3）在对话框右侧的缓冲半径列表中，设置多重缓冲区的缓冲半径。

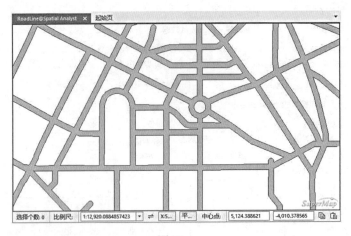

图 10-4

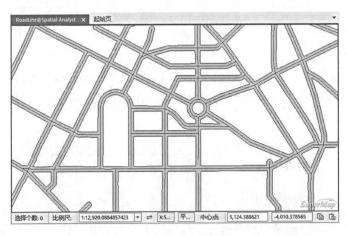

图 10-5

(4) 单击【单位】标签右侧的下拉按钮，设置缓冲半径的单位。
(5) 设置多重缓冲区的缓冲类型。
(6) 设置结果选项。
(7) 设置结果数据。
(8) 设置完以上参数后，单击【确定】按钮，执行生成多重缓冲区的操作。

对话框说明具体如下：
(1) 缓冲数据。
① 数据源：选择要生成多重缓冲区的数据集所在的数据源。
② 数据集：系统支持对点、线、面数据生成多重缓冲区，故【数据集】下拉列表中，显示出所选择数据源中的所有点、线、面数据集。
(2) 缓冲区半径列表。

批量添加：单击工具条中的 ![icon] 按钮，弹出【批量添加】对话框，可设置具有一定递

图 10-6

增/递减规则的缓冲半径值,各级缓冲半径都是以缓冲对象为基准生成的缓冲区。系统默认创建 9~30 米的、间隔为 10 米的缓冲区。已添加的缓冲半径值会依次显示在缓冲半径列表中。

(3) 缓冲半径单位。

可供选择的缓冲半径单位包括:毫米、厘米、分米、米、千米、英寸、英尺、英里、度、码等。

(4) 缓冲类型。

若对线对象生成缓冲区,缓冲类型区域中的参数设置为可用状态,可设置线对象生成多重缓冲区的类型。

① 圆头缓冲:生成多重缓冲区时,在线的两边按照缓冲距离绘制平行线,并在线的端点处以缓冲距离为半径绘制半圆,连接生成缓冲区域。默认缓冲类型为圆头缓冲。

② 平头缓冲:生成多重缓冲区时,以线对象的相邻节点间的线段为一个矩形边,以左半径或者右半径为矩形的另外一边,生成形状为矩形的缓冲区域。线数据在生成平头缓冲时,可以生成单个方向的多重缓冲区。

a. 左半径:基于缓冲半径在线数据的左边区域生成多重缓冲区。

b. 右半径:基于缓冲半径在线数据的右边区域生成多重缓冲区。

(5) 结果设置。

① 合并缓冲区:勾选该项,表示对缓冲半径相同的缓冲区进行合并运算。取消勾选该项,表示保留生成的缓冲区结果,不进行合并操作。

② 保留原对象字段属性:勾选该项,表示生成的每一个缓冲区会保留相应的原对象的非系统属性字段信息。取消勾选该项将会丢失原对象的非系统字段属性信息。默认为勾选该项。注意:当勾选【合并缓冲区】时,该项不可用。

③ 生成环状缓冲区：勾选该项，表示生成多重缓冲区时外圈缓冲区是以环状区域与内圈数据相邻的。取消勾选该项后的外围缓冲区是一个包含了内圈数据的区域。默认为勾选该项。

④ 在地图窗口中显示结果：勾选该项，表示生成多重缓冲区后，会将缓冲分析结果添加到当前地图窗口中。取消勾选该项，则不会自动将缓冲分析结果添加到当前地图窗口中。默认为勾选该项。

⑤ 半圆弧线段数(4~200)：用于设置生成的缓冲区边界的平滑度。数值越大，圆弧/弧段均分数目越多，缓冲区边界越平滑。取值范围为4~200。默认的数值为100。

(6)结果数据。

① 数据源：选择生成的多重缓冲区结果要保存的数据源。

② 数据集：输入生成的多重缓冲区结果要保存的数据集名称。如果输入的数据集名称已经存在，则会提示数据集名称非法，需要重新输入。

2)多重缓冲区操作实例

实例：运用多重缓冲区做水域保护区域范围评估。

为了保护和改善某市生活饮用水源的水质，防治水源污染，按照相关法规以及结合地区实际，相关部门制定饮用水源保护区划分规定：以湖泊、水库为源的饮用水水源的水域保护区分为一级和二级，其中取水点半径100米内的区域为一级保护区；取水点周围半径200米内且在一级保护区外的范围为二级保护区。为积极响应号召，需要计算一级保护区与二级保护区的范围。

思路分析：要评估以湖泊、水库为饮用水水源的一级、二级保护区，则需以取水点为原点，分别计算半径为100米与200米的范围，具体思路如下：

对于取水点，建立多重缓冲区划分半径分别为100米和200米的区域作为一级保护区和二级保护区(在一级保护区外)。

具体操作步骤如下：

(1)打开桌面版Supermap iDesktop 10i，加载数据集【Spatial Analyst.udb】。

(2)将该市湖泊数据集【Lake_R】与取水点数据集【Water_Point】加载到地图窗口中，如图10-7所示。

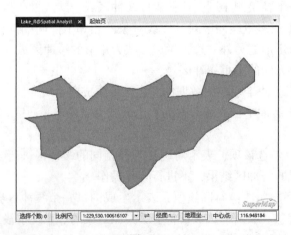

图10-7

(3)点击【空间分析】中的【矢量分析】选项卡，选择【缓冲区】选项中的【多重缓冲区】，弹出【生成多重缓冲区】对话框。

(4)缓冲数据默认勾选【只针对被选对象进行缓冲操作】，取消勾选。

(5)单击工具条中的 按钮，弹出【批量添加】对话框，设置缓冲半径为 100 米和 200 米，如图 10-8 所示。

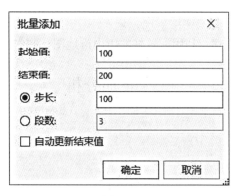

图 10-8

(6)设置结果数据。数据源为【Spatial Analyst】，数据集命名为【Protection_Area】。

(7)其他参数保持默认，单击【确定】按钮，执行生成多重缓冲区的操作。

(8)确定水域保护区。得到结果数据集【Protection_Area】，则内圈范围为一级保护区，外圈环状范围为二级保护区，如图 10-9 所示。

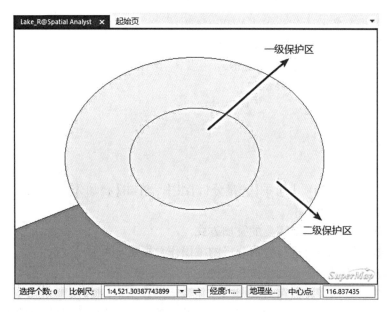

图 10-9

◇小提示：
(1)缓冲区半径的设置可以填写具体数值，也可以来源于数据集中的字段值；
(2)在经纬度坐标系中，缓冲半径单位是度；
(3)平头缓冲区才可以设置缓冲边类型(左右对称，左右不等)。

(五)拓展练习

参照上述缓冲区相关步骤，利用配置好的唐山市地图，制作有颜色渐变效果的边界线。

二、叠加分析

(一)实验目的

(1)了解叠加分析的应用领域。
(2)了解 SuperMap iDesktop 支持的几种叠加模式。
(3)掌握 SuperMap Deskpro 中叠加分析的使用方法。

(二)实验内容

(1)利用 SuperMap iDesktop 的缓冲区分析工具，计算出超市 500 米范围的缓冲区。
(2)利用叠加分析工具，用求交的方法计算超市有效影响范围并将其加载。

(三)实验数据

(1)实验数据 \ 实验十 \ Spatial Analyst. udb；
(2)实验数据 \ 实验十 \ Tangshan. udb；
(3)实验数据 \ 实验十 \ China. udb。

(四)实验步骤

1. 叠加分析

1)具体操作
(1)在【空间分析】选项卡上的【矢量分析】组中，单击【叠加分析】按钮，弹出【叠加分析】对话框，如图 10-10 所示。
(2)在左侧列表框中选择需要的叠加方式。
(3)选择数据源，即要进行叠加分析的被操作数据集。
(4)选择叠加数据，即叠加操作数据集。
(5)选择结果数据集要保存的数据源，并为结果数据集命名。
(6)点击【字段设置】按钮，设置结果数据集中需要保存的源数据集中的字段信息。
(7)设置容限值。
(8)点击【确定】按钮，开始叠加分析。

图 10-10

对话框说明具体如下：

（1）源数据：

① 数据源：列出了当期工作空间下所有的数据源，选择被操作的数据集所在的数据源。

② 数据集：列出了所选数据源下所有的点、线、面或者 CAD 数据集，选择被操作的数据集。

（2）叠加数据：

① 数据源：列出了当前工作空间下所有的数据源，选择操作的数据集所在的数据源。

② 数据集：列出了所选数据源下所有的面数据集，选择操作的数据集。

（3）结果设置：

① 数据源：列出了当前工作空间下的所有数据源，选择结果数据集所要保存的数据源。

② 数据集：为结果数据集命名，默认为 NewDT。

③ 容限：叠加操作后，若两个节点之间的距离小于此值，则将这两个节点合并，该值的默认值为源数据集的节点容限默认值（该值在数据集属性对话框的矢量数据集选项卡的数据集容限下的节点容限中设置）。

④ 设置是否进行结果对比：勾选【进行结果对比】复选框，可将被叠加数据集、叠加数据集及结果数据集同时显示在一个新的地图窗口中，便于用户进行结果比较。

◇小提示：

在叠加分析的各个运算中，第二个数据集都必须为面数据集，参与运算的两个数据集中的相交对象都要进行分解，形成新的子对象。

参与叠加分析的面数据集不能有重叠的对象，否则可能会出现错误结果。

在叠加分析中，合并、求交、同一、对称差四个运算支持字段设置，而裁剪、擦除、更新运算不支持字段设置。

2）实验案例

实例：某市民欲在 A 市一区域购房，须综合考虑安全、户外活动和自然环境、生活设施以及教育设施等方面的影响。其中在生活设施方面，该市民考虑到为方便入住后基本的生活需求，最终选址应靠近大型百货商场和超市，居住地点距离百货商场和超市不超过 500 米。基于生活设施方面要求，请计算在该区域内超市的有效影响区域。

思路分析如下：

第一步：居住地点距离百货商场和超市不超过 500 米，须先对超市点数据建立缓冲区，计算出百货商场和超市周围 500 米的区域；

第二步：利用叠加分析功能中求交算子，计算该区域内超市的有效影响区域。

具体操作步骤如下：

第一步：计算超市周围 500 米区域。

(1) 打开桌面版 Supermap iDesktop 10i，加载数据源【Spatial Analyst.udb】。

(2) 将该市【supermarket】点数据集加载到地图窗口中。

(3) 在【空间分析】选项卡上的【矢量分析】组中，单击【缓冲区】按钮，弹出【缓冲区】对话框。

(4) 在【缓冲区】对话框中设置相关参数。

(5) 缓冲数据集选择数据源【Spatial Analyst.udb】中【supermarket】点数据集。

(6) 缓冲半径设置为 500，单位为米。

(7) 设置结果数据集为【supermarket_Buffer】，勾选【合并缓冲区】，如图 10-11 所示。

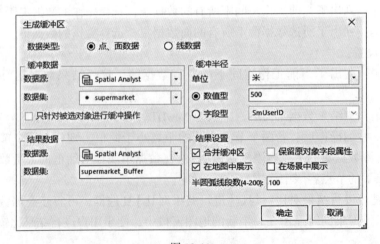

图 10-11

(8) 获取超市周围 500 米区域，如图 10-12 所示。

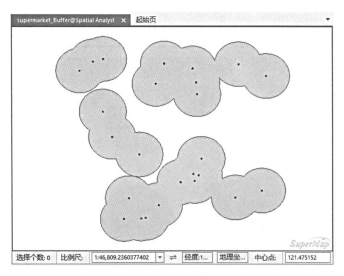

图 10-12

第二步：计算超市有效影响区域。

(1) 在【空间分析】选项卡上的【矢量分析】组中，单击【叠加分析】按钮，弹出【叠加分析】对话框。

(2) 在【叠加分析】对话框中选择【求交】按钮。

(3) 源数据集选择第一步生成的【supermarket_Buffer】，叠加数据选择【area】，保存结果数据集【Supermarket_valid】，点击【确定】，如图 10-13 所示。

图 10-13

143

(4)加载超市有效影响区域。将结果数据集【Supermarket_valid】加载到地图窗口,即为超市有效影响区域,如图 10-14 所示。

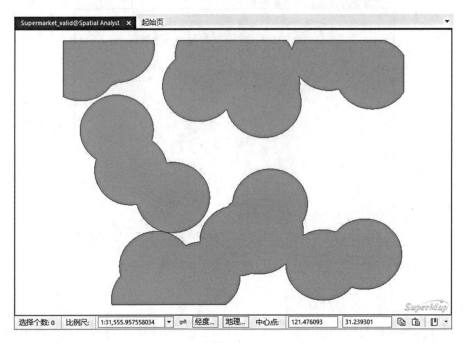

图 10-14

(五)拓展练习

打开数据源 China.udb、Tangshan.udb(软件自带示范数据):

(1)利用 Tangshan 数据源中的 county_R 数据集、China 数据源中的 Railway_L 数据集进行裁剪操作,得出唐山市范围内的铁路数据。

(2)利用 Tangshan 数据源中的 county_R 数据集、China 数据源中的 LandForm_R 数据集进行擦除操作,得到唐山市范围以外的土地类型数据。

三、网络分析

(一)实验目的

(1)了解网络分析的基本概念。
(2)掌握常用网络分析功能的使用。

(二)实验内容

(1)熟悉网络分析的一般流程。
(2)拓扑构建网络数据集。

(3)练习几种网络分析。

(三)实验数据

(1)实验数据\实验十\RouteAnalysis.smwu;
(2)实验数据\实验十\ResourceAllocation.smwu;
(3)实验数据\实验十\LogisticsDistribution.smwu。

(四)实验步骤

1. 网络分析一般流程

在 SuperMap iDesktop 10i 中执行任意类型网络分析的基本步骤如下:
(1)准备网络数据集。
(2)添加网络数据集。
(3)设置网络分析环境。
(4)新建一种要进行网络分析的实例,如最佳路径分析、服务区分析等。
(5)向当前地图窗口中添加网络分析对象。
(6)设置分析参数。例如,在进行服务区分析时,需要设置服务半径,分析方向是否从服务站开始,服务站是否互斥,分析时是否使用转向表等,以及结果参数,如是否保存节点信息、弧段信息等。
(7)执行分析操作,并查看分析结果以及行驶导引。

> ◇小提示:
> 不同的网络分析需要添加的对象有所不同,如最近设施查找需要添加事件点和设施点;而服务区分析需要添加中心点。一般有两种方式实现添加:一种是以数据集的形式导入,另一种是以交互的方式添加对象。

2. 拓扑构建网络数据集

实例:将数据源【RouteAnalysis】中包含的数据集【Road_L】构建网络数据集。
具体操作步骤如下:
(1)打开【RouteAnalysis.smwu】工作空间。
(2)导入数据源【RouteAnalysis】中数据集【Road_L】到地图窗口,如图10-15所示。
(3)单击功能区【空间分析】选项卡【设施网络分析】组的【构建网络】按钮,弹出【构建网络数据集】对话框。
(4)在列表框内添加用来构建网络数据集的数据集【Road_L】。在打开构建网络数据集窗口后,系统会自动地将在工作空间管理器中选中的数据集添加到列表框内。

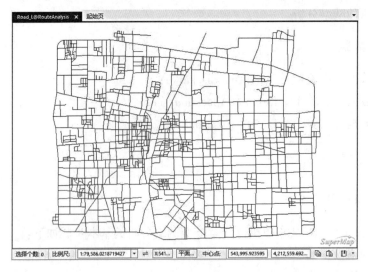

图 10-15

(5)结果设置中,数据源为默认的【RouteAnalysis】,数据集命名为【RoadNetwork】,【字段设置】为默认设置,如图 10-16 所示。

图 10-16

(6)单击【确定】,完成操作,弹出【构建二维网络数据集】对话框,如图 10-17 所示。
(7)图 10-18 为网络数据集效果。
(8)双击【RoadNetwork】图层中任意节点或弧段,可以查看相应属性信息。图 10-19 蓝色弧段为选择弧段,图 10-20 为蓝色弧段对应的属性信息。我们可以看出,该弧段连接节点 1243 与节点 1245。

图 10-17

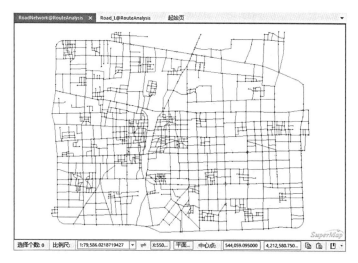

图 10-18

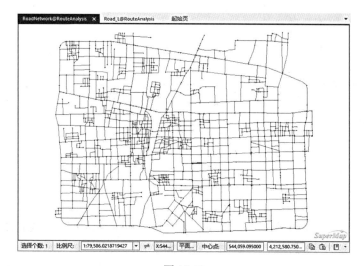

图 10-19

图 10-20

3. 网络分析

网络分析包括以下几种：
(1) 最佳路径分析；
(2) 旅行商分析；
(3) 最近设施查找；
(4) 服务区分析；
(5) 物流配送；
(6) 选址分析；
(7) 追踪分析；
(8) 通达性分析。
1) 通达性分析

在现实生活中，网络可能不是完全连通的。如果需要确定哪些点或者弧段之间是连通的，哪些点或弧段之间不连通，可以使用邻接要素分析或者通达要素分析功能。网络连通性分析的最大特点是不需要考虑网络阻力（既不考虑转向权值，也不考虑禁止通行的情况），网络上的要素只有连通和不连通的区别，见表 10-1。

表 10-1　　　　　　　　　　　通达性分析功能说明

通达性分析	功能描述	参数设置			
		向前查找	向后查找	双向查找	查找等级
邻接要素分析	查找与添加事件点相邻接的所有要素(节点或者弧段)	有效	有效	有效	默认为1，不可以修改
通达要素分析	按照查找等级，查找与添加的事件点相连通的节点或弧段	有效	有效	有效	默认为2，可以设置

实例：查找与指定的事件点相邻接的节点或者弧段。

具体操作步骤如下：

(1)在当前地图窗口中打开数据源【RouteAnalysis】网络图层【RoadNetwork】。为了便于观察，我们通过图层风格设置，将线型改为具有方向性的【箭头(折线中心)】线型，如图10-21 所示。

图 10-21

(2)设置网络分析环境。在功能区【空间分析】选项卡【设施网络分析】中选择【网络分析】按钮，勾选【环境设置】复选框，弹出【环境设置】浮动窗口，图 10-22 所示。可以利用工具条依次对网络分析进行风格设置、交通规则设置、转向表设置、权值设置、追踪分析网络建模以及检查环路。具体参数设置可参考软件帮助教程，不再详细说明。

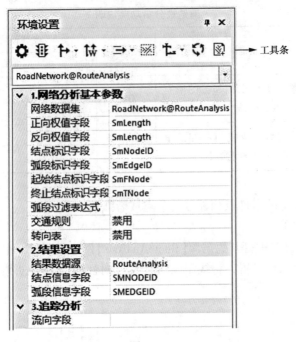

图 10-22

（3）在【空间分析】选项卡的【设施网络分析】组中，单击【网络分析】下拉按钮，在弹出的下拉菜单中选择【邻接要素】项，创建一个邻接要素分析的实例。

（4）在当前网络图层添加一个事件点。添加事件点有两种方式，一种是在网络数据图层单击鼠标完成事件点的添加；另一种是通过导入的方式，将点数据集中的点对象导入作为站点。这里我们采用单击鼠标添加的方式，如图 10-23 所示。

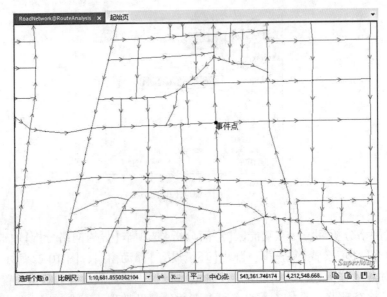

图 10-23

（5）在网络分析实例管理窗口中单击【参数设置】按钮[⚙]，弹出【邻接要素分析设置】对话框，对分析参数进行设置，如图10-24所示。

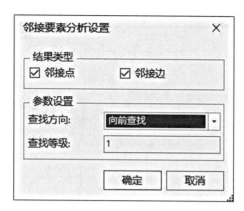

图 10-24

（6）所有参数设置完毕后，单击【空间分析】选项卡中【设施网络分析】组的【执行】按钮或者单击【实例管理】窗口的【执行】按钮[▶]，即可按照设定的参数，执行邻接要素分析操作。

（7）执行完成后，分析结果会自动添加到当前地图展示，同时输出窗口中会提示：【邻接要素分析成功】。

（8）如图10-25所示为事件点进行向前查找的结果。箭头代表了网络的方向，电脑屏幕上绿色点为事件点，蓝色的点和线为查找结果，即事件点的邻接点和邻接边。

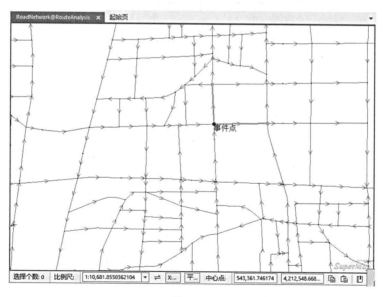

图 10-25

(9)如图 10-26 所示为事件点进行向后查找的结果。箭头代表了网络的方向,电脑屏幕上绿色点为事件点,蓝色的点和线为查找结果,即事件点的邻接点和邻接边。

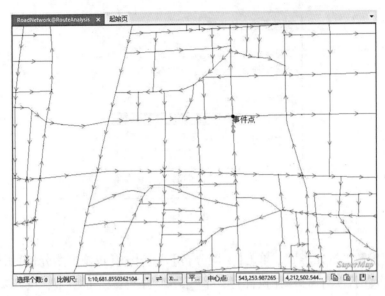

图 10-26

(10)如图 10-27 所示为事件点进行双向查找的结果。箭头代表了网络的方向,电脑屏幕上绿色点为事件点,蓝色的点和线为查找结果,即事件点的邻接点和邻接边。

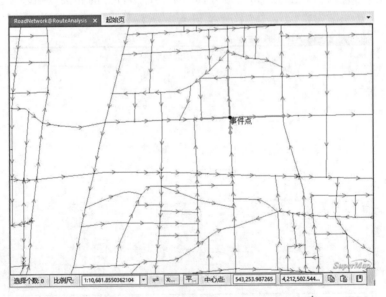

图 10-27

2)最佳路径分析

最佳路径分析是指网络中两点之间阻力最小的路径，如果是对多个节点进行最佳路径分析，必须按照节点的选择顺序依次访问。阻力最小有多种含义，如基于单因素考虑的时间最短、费用最低、路况最佳、收费站最少等，或者基于多因素综合考虑的路况最好且收费站最少等。

实例：根据数据源【RouteAnalysis】中包含的道路网络数据 Road 和加油站数据 Gas，寻求两个加油站之间的最优路径。

具体操作步骤如下：

（1）打开【RouteAnalysis.smwu】工作空间。

（2）加载数据源【RouteAnalysis】中数据集【Road】和【Gas】到地图窗口，如图 10-28 所示。

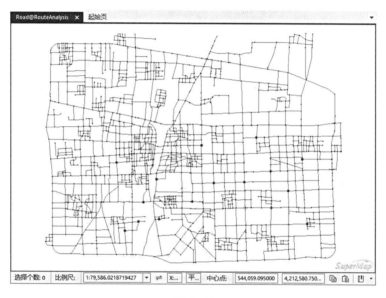

图 10-28

（3）在进行网络分析之前，需要先对网络分析环境进行设置。在【交通分析】选项卡的【路网分析】组中，勾选【环境设置】复选框，则弹出【环境设置】浮动窗口。【网络分析基本参数】、【结果设置】、【追踪分析】保留默认设置，单击风格设置按钮 ⚙，进行风格设置，如图 10-29、图 10-30 所示。

（4）在【交通分析】选项卡的【路网分析】组中选择【最佳路径】项，创建一个最佳路径分析的实例。

（5）在当前网络数据图层中单击鼠标，选择要添加的站点位置。我们将【Useid】为 13 和 14 的 Gas 点添加为站点。

153

图 10-29

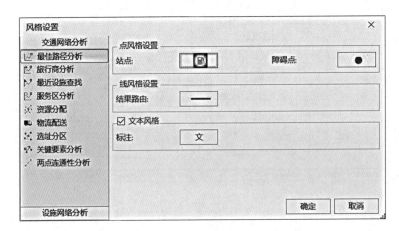

图 10-30

(6) 同样的添加方式，可以为路径分析设置障碍点，如图 10-31 所示。

(7) 在网络分析实例管理窗口中单击【参数设置】按钮，弹出【最佳路径分析设置】对话框，对分析结果的参数进行设置，如图 10-32 所示。具体参数介绍可参考软件帮助教程。

(8) 所有参数设置完毕后，单击【交通分析】选项卡中【路网分析】组的【执行】按钮或者单击【实例管理】窗口的执行按钮，按照设定的参数，执行最佳路径分析操作。执行完成后，分析结果会自动添加到当前地图展示（图 10-33），同时输出窗口中会提示："最

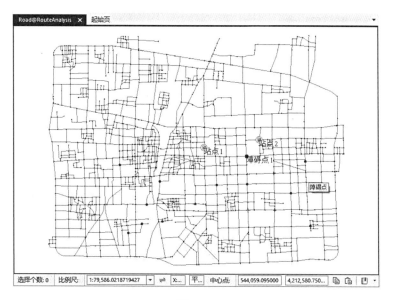

图 10-31

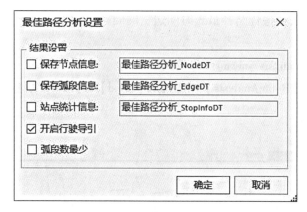

图 10-32

佳路径分析成功"。

(9)在【交通分析】选项卡的【路网分析】组中，勾选【行驶导引】复选框，可查看行驶导引报告。

3)旅行商分析

旅行商分析是无序的路径分析。旅行商可以自己决定访问节点的顺序，目标是旅行路线阻抗总和最小(或接近最小)。其与最佳路径分析的区别就在于遍历网络所有节点的过程中对节点访问顺序的处理方式不同。最佳路径分析必须按照指定顺序对节点进行访问，而旅行商分析可以自己决定对节点的访问顺序。

实例：利用数据源【RouteAnalysis】中包含的道路网络数据 Road 和需要货物的站点数

155

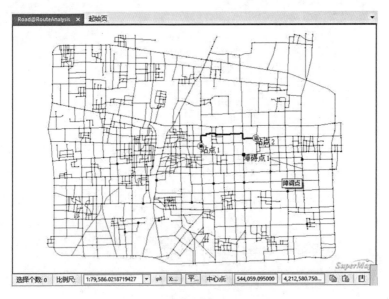

图 10-33

据 Site，来解决货车按照最优路径最短时间送货的问题。

具体操作步骤如下：

（1）打开【RouteAnalysis.smwu】工作空间。

（2）加载数据源【RouteAnalysis】中数据集【Road】和【Site】到地图窗口，如图 10-34 所示。

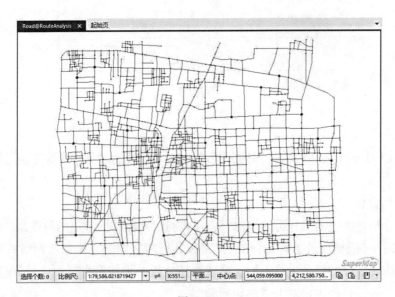

图 10-34

(3)设置网络分析环境。在【交通分析】选项卡的【路网分析】组中，勾选【环境设置】复选框，则弹出【环境设置】浮动窗口。这里我们采用默认设置。

(4)在【交通分析】选项卡的【路网分析】组中，单击菜单中【旅行商分析】项，创建一个旅行商分析的实例。

(5)在当前网络数据图层中添加站点位置。这里我们采用导入方式，直接导入【RouteAnalysis】数据源中已保存的站点数据集【Site】，如图10-35、图10-36所示。

图 10-35

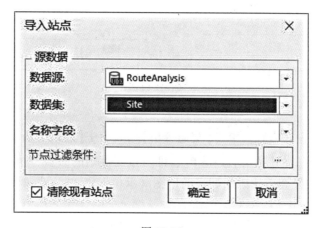

图 10-36

(6)单击【导入站点】对话框【确定】按钮，成功导入20个站点，如图10-37所示。

(7)在网络分析实例管理窗口中单击【参数设置】按钮，弹出【旅行商分析设置】对话框，对分析参数进行设置。这里我们仅选择【开启行驶导引】，如图10-38所示。

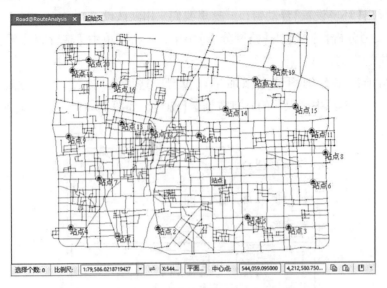

图 10-37

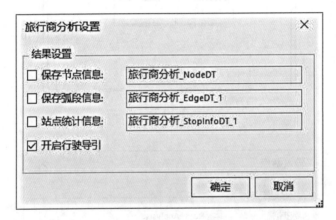

图 10-38

（8）所有参数设置完毕后，单击【交通分析】选项卡中【路网分析】组的【执行】按钮或者单击【实例管理】窗口的【执行】按钮▶，即可按照设定的参数，执行旅行商分析操作。执行完成后，分析结果会自动添加到当前地图展示（图 10-39），同时输出窗口中会提示："旅行商分析成功"。

（9）在【交通分析】选项卡的【路网分析】组中，勾选【行驶导引】复选框，可查看行驶导引报告。

4）最近设施查找

最近设施分析是指在网络中给定一组事件点和一组设施点，为每个事件点查找耗费最小的一个或者多个设施点，结果显示从事件点到设施点（或从设施点到事件点）的最佳路径、耗费以及行驶方向，同时还可以设置查找阈值，即搜索范围，一旦超出该范围则不再

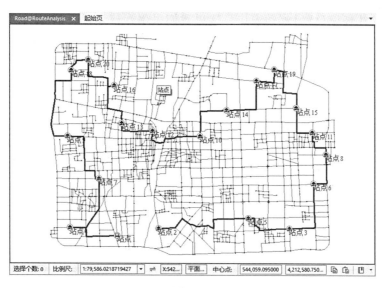

图 10-39

进行查找。

实例：利用数据源【RouteAnalysis】中包含的道路网络数据 Road、需要加油的货车数据 Trunk 和加油站数据 Gas，来为货车寻求指定数目的最近加油站。

具体操作步骤如下：

(1) 打开【RouteAnalysis.smwu】工作空间。

(2) 加载数据源【RouteAnalysis】中数据集【Road】、【Trunk】和【Gas】到地图窗口，如图 10-40 所示。

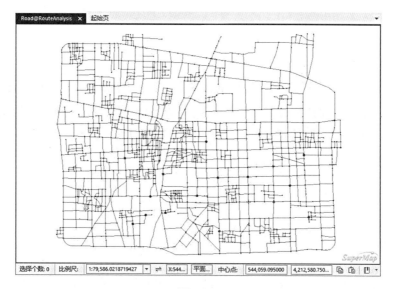

图 10-40

(3)设置网络分析环境。在【交通分析】选项卡的【路网分析】组中,勾选【环境设置】复选框,则弹出【环境设置】浮动窗口。这里我们采用默认设置。单击风格设置按钮,将设施点风格改为【加油站】符号,事件点风格改为【汽车】符号,结果路由改为蓝色。

(4)在【交通分析】选项卡的【路网分析】组中,单击选择【最近设施查找】项,创建实例。

(5)在当前网络数据图层中添加设施点。这里我们导入已有数据源【RouteAnalysis】中的数据集【Gas】,将14个加油站导入。

(6)在当前网络数据图层中导入要添加的事件点位置。这里我们导入已有数据源【RouteAnalysis】中的数据集【Trunk】,将货车位置导入。

(7)在网络分析实例管理窗口中单击【参数设置】按钮,弹出【最近设施查找设置】对话框,对最近设施查找分析参数进行设置,如图10-41所示。

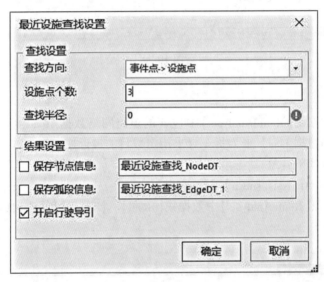

图 10-41

(8)所有参数设置完毕后,单击【交通分析】选项卡中【路网分析】组的【执行】按钮或者单击【实例管理】窗口的【执行】按钮,即可按照设定的参数,执行旅行商分析操作。执行完成后,分析结果会即时显示在地图窗口中。如图10-42所示,电脑屏幕上蓝色线表明距货车最近的加油站为设施点9。

(9)在【交通分析】选项卡的【路网分析】组中,勾选【行驶导引】复选框,可查看行驶导引报告。

5)服务区分析

服务区分析是指在满足某种条件的前提下,查找网络上指定的服务站点能够提供服务的区域范围。

实例:利用数据源【ResourceAllocation】提供的道路网络数据 Road 和邮局数据 Post1,分析各邮局在指定服务半径内的服务范围。

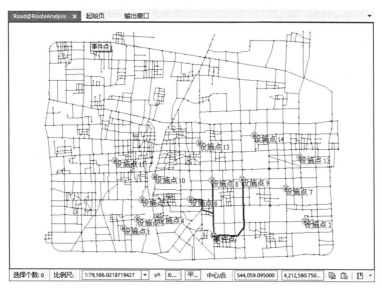

图 10-42

具体操作步骤如下：

(1)打开【ResourceAllocation.smwu】工作空间。

(2)加载数据源【ResourceAllocation】中数据集【Road】和【Post1】到地图窗口，如图10-43所示。

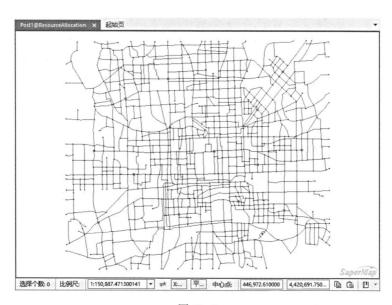

图 10-43

(3)设置网络分析环境。在【交通分析】选项卡的【路网分析】组中，勾选【环境设置】

复选框，则弹出【环境设置】浮动窗口。这里我们采用默认设置。单击风格设置按钮 ，将中心点设置为"邮局"符号。

(4)在【交通分析】选项卡的【路网分析】组中，单击选择【服务区分析】选项，创建实例。

(5)在当前网络图层中添加服务站。这里我们导入数据源【ResourceAllocation】中的数据集【Post1】，导入 15 个邮局位置。

(6)在网络分析实例管理窗口中单击【参数设置】按钮，弹出【服务区分析设置】对话框，对分析参数进行设置，如图 10-44 所示。

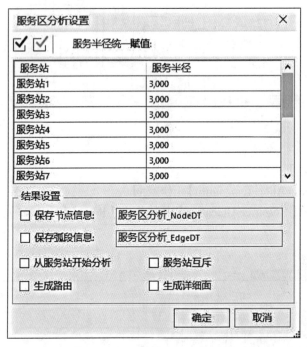

图 10-44

(7)所有参数设置完毕后，单击【交通分析】选项卡中【路网分析】组的【执行】按钮或者实例管理窗口中的【执行】按钮 ，进行分析。分析结果会即时显示在地图窗口中。如图 10-45 所示，阴影区域为 15 所邮局半径为 3000 米的服务区。

6)物流配送

物流配送分析，又叫多旅行商分析，是指网络数据集中，给定 M 个配送中心和 N 个配送目的地(M、N 为大于零的整数)，查找最经济有效的配送路径，并给出相应的运输路线。

应用程序提供了两种配送方案：总花费最小和全局平均最优。默认使用按照总花费最小的方案进行配送，可能会出现某些配送中心点配送的花费较多而其他的配送中心点的花费较小的情况，即不同配送中心之间的花费不均衡。全局平均最优方案会控制每个配送中心点的花费，使各个中心点花费相对平均，此时总花费不一定最小。

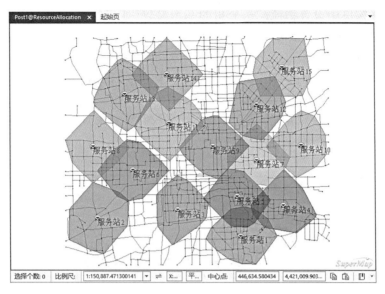

图 10-45

实例：利用数据源【LogisticsDistribution】提供的道路网络数据集 Road、需要货物的站点 Locate 和货车数据 Trunk，分析每辆卡车的送货路线。

具体操作步骤如下：

(1) 打开【LogisticsDistribution.smwu】工作空间。

(2) 加载数据源【LogisticsDistribution】中数据集【Road】、【Locate】和【Trunk】到地图窗口，如图 10-46 所示。

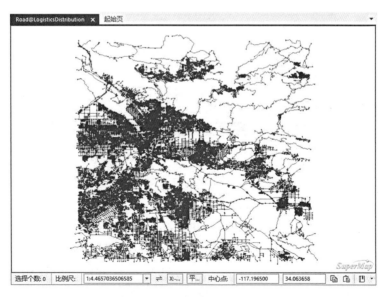

图 10-46

163

(3)在【交通分析】选项卡的【路网分析】组中，选中【环境设置】复选框，弹出【环境设置】窗口。在此窗口中设置物流配送分析的基本参数（如权值字段、节点/弧段标识字段等）、分析结果参数以及追踪分析相关的参数（仅在进行追踪分析时需要设置）。这里保留默认设置。

(4)新建物流配送分析的实例。在【交通分析】选项卡的【路网分析】组中，单击选择【物流配送】项。成功创建后，会自动弹出实例管理窗口。

(5)在当前网络图层中添加配送中心点。这里我们导入数据源【LogisticsDistribution】中的数据集【Trunk】，如图10-47所示。

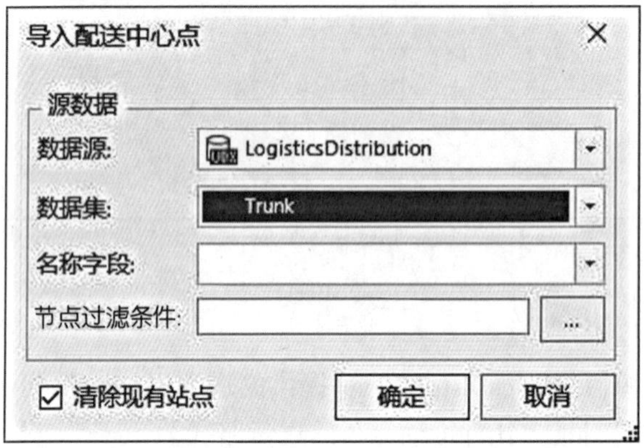

图 10-47

(6)添加配送目的地。这里我们导入数据源【LogisticsDistribution】中的数据集【Locate】，如图10-48、图10-49所示。

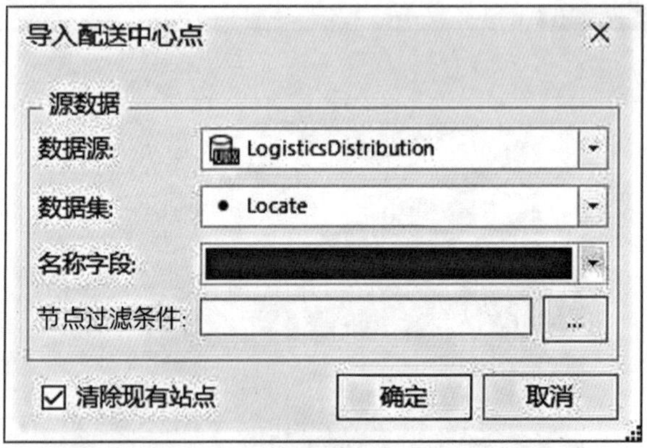

图 10-48

(7)在物流配送实例管理窗口中，单击【参数设置】按钮，弹出【物流配送设置】对话框，如图10-50所示。在此对话框中设置物流配送的参数以及配送结果信息。

图 10-49

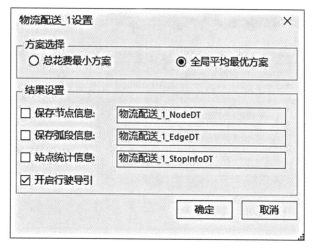

图 10-50

(8) 所有参数设置完毕后,在【路网分析】组中单击【执行】按钮或者在实例管理窗口中单击【执行】按钮▶,进行操作。分析结果会即时显示在地图窗口中(图 10-51)。分析结果可以保存为数据集,以便在其他地方使用。

(9) 在【交通分析】选项卡的【路网分析】组中,勾选【行驶导引】复选框,可查看行驶导引报告。

(五) 拓展练习

利用数据源【ResourceAllocation】提供的道路网络数据 Road 和现有邮局数据 Post2,计算实现覆盖全城区还应该增加的邮局数量与位置。

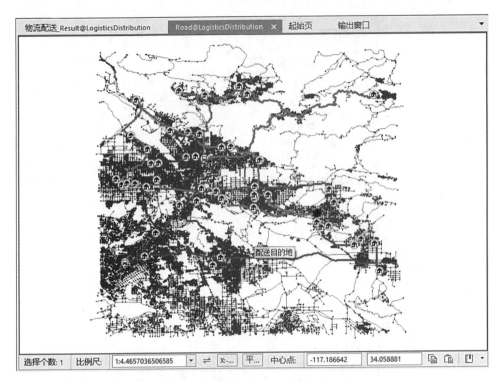

图 10-51

实验十一 栅格数据空间分析

(一)实验目的

(1)了解栅格数据的结构。
(2)了解 SuperMap iDesktop 10i 栅格数据集的类型与来源。
(3)掌握常用栅格分析功能的使用。

(二)实验内容

(1)设置分析环境。
(2)练习插值分析中的距离反比权重插值功能。
(3)练习表面分析中的提取等值线功能。
(4)练习表面分析中三维晕渲图、正射三维影像、坡度分析、坡向分析功能。
(5)练习密度分析、太阳辐射分析功能。

(三)实验数据

(1)实验数据 \ 实验十一 \ BeijingTerrain. udbx;
(2)实验数据 \ 实验十一 \ Precipitation. udbx;
(3)实验数据 \ 实验十一 \ Shop. udbx;
(4)实验数据 \ 实验十一 \ Terrain. udbx。

(四)实验步骤

1. 设置分析环境

在进行栅格分析之前,需要明确栅格分析的环境设置情况。分析环境包括结果数据集的地理范围、裁剪范围、默认输出分辨率等。

单击【栅格分析】组的弹出组对话框(图 11-1),可以弹出【栅格分析环境设置】对话框,对栅格分析相关的参数进行设置。

具体操作步骤如下:

(1)在【空间分析】选项卡的【栅格分析】组中,单击【环境设置】按钮,进入【栅格分析环境设置】对话框,如图 11-2 所示。
(2)在【结果数据地理范围】项中,选择一种设置方式,设置结果数据的地理范围。
(3)在【裁剪范围】项中,选择裁剪数据所在的数据源以及数据集。
(4)在【默认输出分辨率】项中,选择一种设置方式,设置默认的结果数据集分辨率

图 11-1

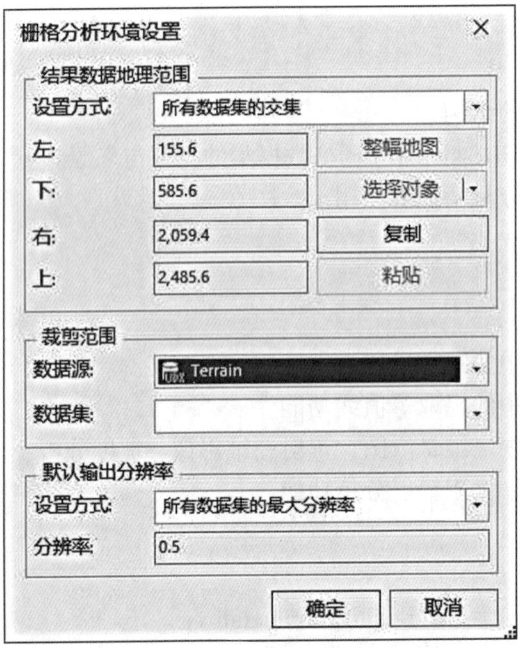

图 11-2

大小。

(5)单击【确定】按钮,完成结果数据集分辨率的设置。

2. 插值分析

插值是利用已知的样点去预测或者估计未知样点的数值。内插是通过已知点的数据推求同一区域未知点的数据。外推是通过已知区域,推求其他区域的数据。无论是内插的方法还是外推的方法,都是插值过程常用的插值思想。SuperMap iDesktop 10i 中提供三种插值方法,用于模拟或者创建一个表面,分别是:距离反比权重法(IDW)、克里金插值方法(Kriging)、径向基函数插值法(RBF)。选用何种方法进行内插,通常取决于样点数据的分布和要创建表面的类型。无论选择哪种插值方法,已知点的数据越多,分布越广,插值结果将越接近实际情况。

这里我们重点介绍距离反比权重插值法,对于其他几种插值方法,读者可查阅有关资料进行学习。

实例:提供某区域气象监测站点的降水量数据 Precipitation,使用距离反比权重插值方法来得到该区域所有地方降水量的概略数据。

1)距离反比权重插值

距离反比权重插值基于插值区域内部样本点的相似性,利用邻近区域样点的加权平均值来估算出单元格的值,进而插值得到一个表面。用于插值的源数据集中必须有个数值型字段,作为插值字段。且距离反比权重插值法是一种比较精确的插值方法,适用于呈均匀分布且密集程度能够反映局部差异的样点数据集。

具体操作步骤如下:

(1)新建【RasterAnalysis.smwu】工作空间。

(2)在当前工作空间中导入【Precipitation】数据源。

(3)在数据源【Precipitation】中双击打开点数据集【Precipitation】,添加到当前图层,浏览降水量数据采样点数据集,如图11-3所示。

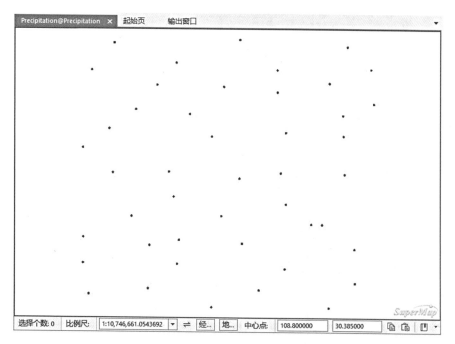

图 11-3

(4)在【空间分析】选项卡上的【栅格分析】组中,单击【插值分析】按钮,进入栅格插值分析向导。

(5)在【栅格插值分析】对话框中,选择距离反比权重插值方法,进入距离反比权重插值的第一步,设置插值分析的公共参数,包括源数据、插值范围和结果数据,【插值字段】选择【Precipitation】,结果数据集重命名为【Precipitation_IDW】,其余参数为默认设置,如图11-4所示。

(6)单击【下一步】,进入插值分析的第二步,【查找方式】选择【变长查找】,【最大半径】、【查找点数】、【幂次】保留默认设置,如图11-5所示。

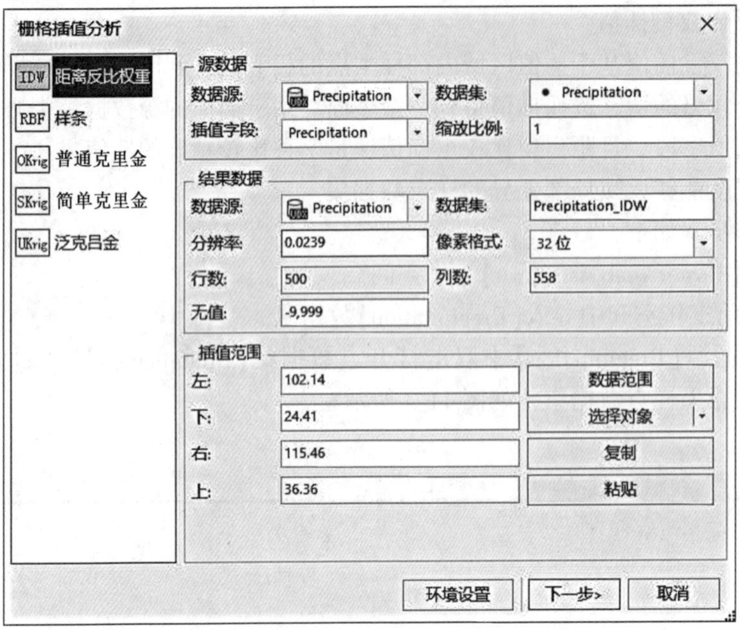

图 11-4

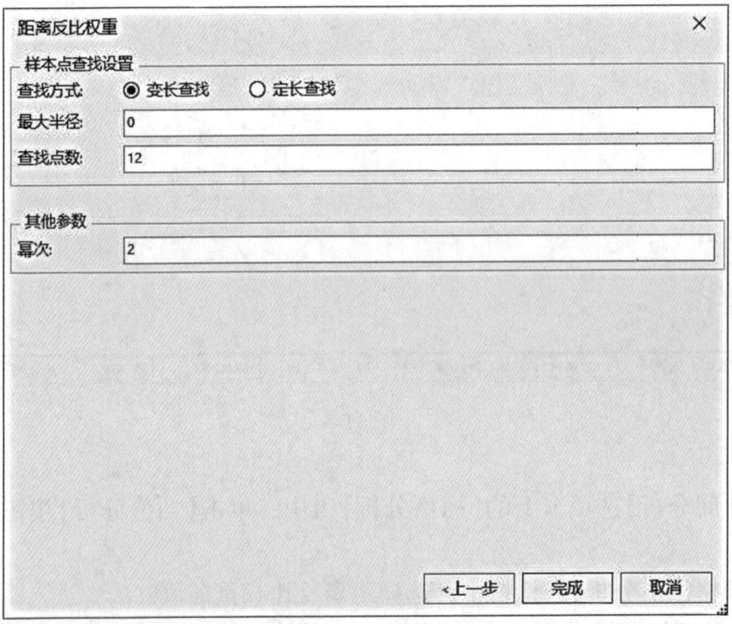

图 11-5

(7) 单击【完成】按钮, 执行距离反比权重插值功能, 如图 11-6 所示。
(8) 双击打开【Precipitation_IDW】栅格数据集查看结果, 如图 11-7 所示。

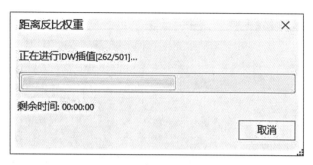

图 11-6

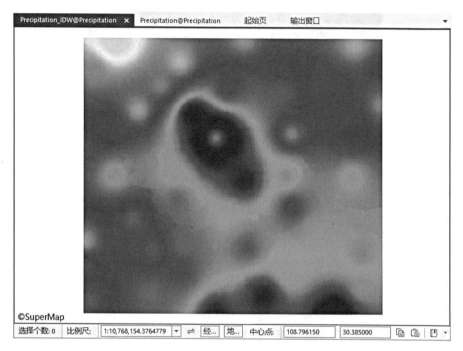

图 11-7

2）查询栅格值

可实时查询鼠标当前所在位置的栅格值。查询结果会显示该栅格单元所在的数据源、数据集、坐标值、行列号以及栅格值。

实例：实时查询【Precipitation_IDW】栅格数据集的栅格值。

具体操作步骤如下：

（1）在【空间分析】选项卡的【栅格分析】组中，单击【栅格查询】按钮。

（2）在移动鼠标的过程中，在鼠标尾部出现即时消息框，实时显示鼠标所在位置的栅格值信息，包括栅格数据所在的数据源、数据集，该栅格位置的地理坐标、栅格坐标（行号和列号）以及栅格值，如图 11-8 所示。

（3）使用鼠标单击想要查询栅格值的点，则在地图窗口会高亮显示选中的点，同时在

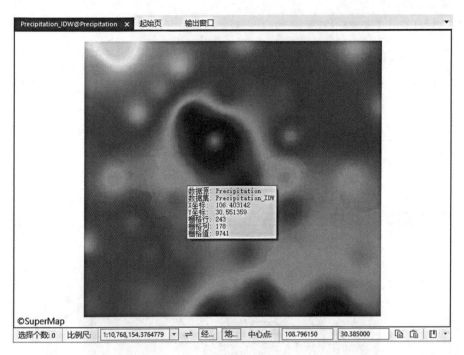

图 11-8

输出窗口会显示该点的地理坐标、栅格坐标以及栅格值(图 11-9)。如果同时查询了多个栅格点，则会自动给这些点编号，方便用户区分。

图 11-9

（4）按住 Esc 键或者单击鼠标右键可以取消查询，且按住 Esc 键可以同时清除地图窗口高亮的栅格点。

3. 表面分析

表面分析主要通过生成新数据集，如等值线、坡度、坡向等数据，获得更多反映原始数据集中所暗含的空间特征、空间格局等信息。

实例：提供分辨率为 5m 的 DEM 数据，使用此数据熟悉表面分析中各功能的使用方法。

1）提取等值线

具体操作步骤如下：

（1）新建【RasterAnalysis.smwu】工作空间。

（2）在当前工作空间中导入【Terrain】数据源。

（3）在数据源【Terrain】中双击打开点数据集【DEM】，添加到当前图层，如图 11-10 所示。

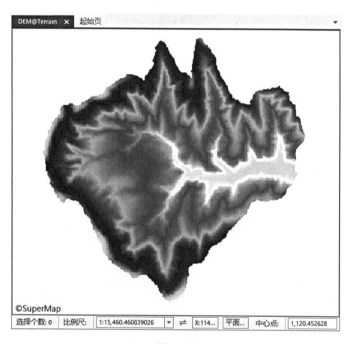

图 11-10

（4）单击【空间分析】选项卡中【栅格分析】组的【表面分析】按钮，在弹出的下拉菜单中选择【提取所有线】项，进入【提取所有等值线】对话框，参数设置如图 11-11 所示。

（5）完成提取等值线的公共参数设置，包括源数据、目标数据和参数设置中的重采样系数、光滑方法、光滑系数；完成参数中的基准值和等值距设置。单击【确定】按钮，完成等值线提取操作，如图 11-12 所示。

2）三维晕渲图

【三维晕渲图】功能是通过为栅格表面中的每个像元确定照明度，来获取表面的假定照明度。通过设置假定光源的位置和计算与每个像元的照明度值，即可得出假定照明度。进行分析或图形显示时，特别是使用透明度时，【三维渲染图】可大大增加栅格表面的立体显示效果。

173

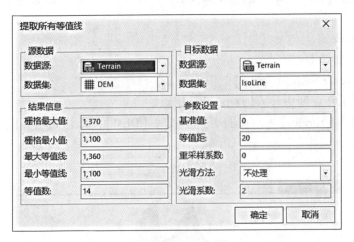

图 11-11

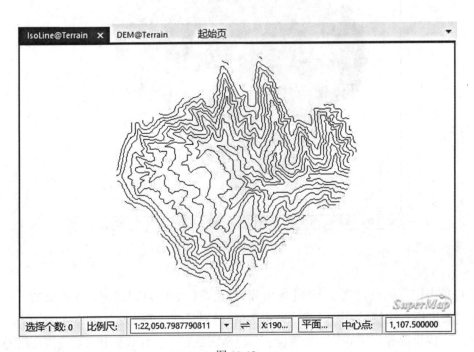

图 11-12

具体操作步骤如下：

(1) 双击打开数据源【Terrain】中【DEM】数据集。

(2) 单击【空间分析】选项卡中【栅格分析】组的【表面分析】下拉按钮，在弹出的下拉菜单中选择【三维晕渲图】选项，弹出【三维晕渲图】对话框。

(3) 对参数进行设置。【结果数据】中【数据源】选择【Terrain】，【数据集】命名为【Hillshade】，其余参数保留默认设置，如图 11-13 所示。

图 11-13

(4)单击【确定】按钮,执行生成晕渲图的操作,结果如图 11-14 所示。

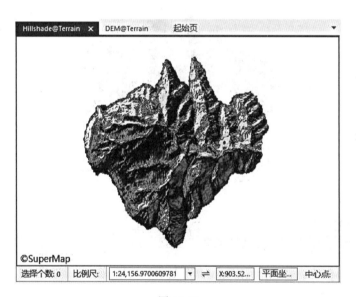

图 11-14

(5)在图层管理器右键单击【三维晕渲图】,选择【设置颜色表】,打开【颜色表】对话框,颜色选择黑白渐变色,从而更好地突出地形起伏变化,如图 11-15 所示。

(6)单击【确定】完成操作,效果如图 11-16 所示。

(7)单击【开始】选项卡中【工作空间】组的【保存】下拉按钮,保存地图风格。

3)正射三维影像

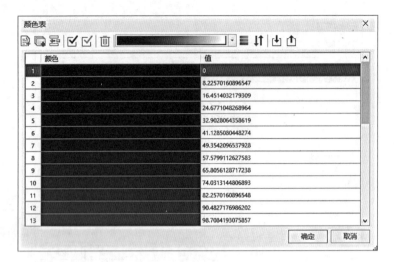

图 11-15

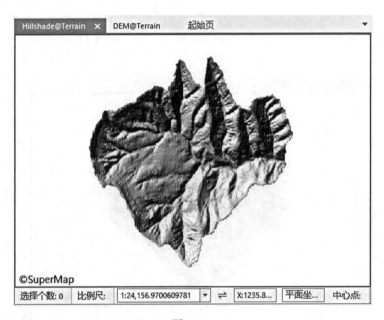

图 11-16

【正射三维影像】功能是采用数字微分纠正技术，通过周边邻近栅格的高程得到当前点的合理日照强度，进行正射影像纠正，最终得到正射三维影像。

具体操作步骤如下：

(1) 双击打开数据源【Terrain】中【DEM】数据集。

(2) 单击【空间分析】选项卡中【栅格分析】组的【表面分析】下拉按钮，在弹出的下拉菜单中选择【正射三维影像】选项，弹出【正射三维影像】对话框。

(3) 对参数进行设置。【结果数据】中【数据源】选择【Terrain】，【数据集】命名为【DEM

_OrthoImage】,单击【颜色表】可为其重新定义颜色。其余参数保留默认设置,如图 11-17 所示。

图 11-17

(4)单击【确定】按钮,执行生成正射三维影像的操作,效果如图 11-18 所示。

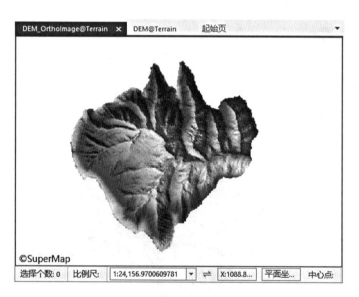

图 11-18

4)三维效果图的应用

有助于更直观地了解地形起伏,且达到美观效果。

具体操作步骤如下:

(1)双击打开数据源【Terrain】中【DEM】数据集。

(2)单击【空间分析】选项卡中【栅格分析】组的【表面分析】按钮,在弹出的下拉菜单中选择【提取所有线】项,提取等高线数据。

177

(3)按从下到上叠加的顺序将 DEM 数据、三维晕渲图、等高线数据添加到地图窗口中，如图 11-19 所示。

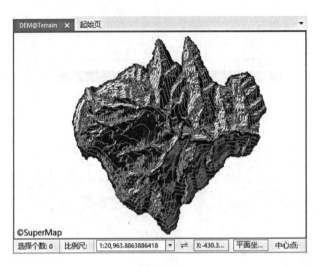

图 11-19

(4) 对 DEM 图层设置颜色表或者做范围分段专题图。参考配色方案：

(5)对三维晕渲图层设置颜色表或者做范围分段专题图，如图 11-20 所示。参考配色方案：

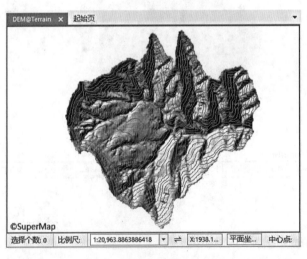

图 11-20

(6)设置各图层的不透明度。分别在图层管理器中右键单击【三维晕渲图】、【DEM】，选择【图层属性】，在【图层属性】对话框中设置【透明度】值，参考值 DEM 图层为 20%，三维晕渲图层为 50%，效果如图 11-21 所示。

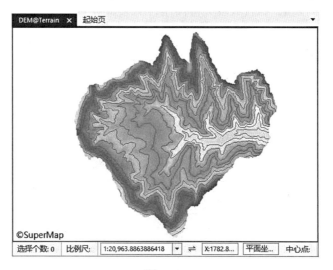

图 11-21

5）坡度分析

坡度分析用于计算栅格数据集（通常使用 DEM 数据）中各个像元的坡度值。坡度值越大，地势越陡峭；坡度值越小，地势越平坦。

DEM 数据中的像元值即该点的高程值，通过高程值计算该点的坡度。由于计算点的坡度没有实际意义，在 SuperMap iDesktop 10i 中，坡度计算的是各像元平面的平均值，并且提供了三种坡度表现形式：度数、弧度、百分比。

具体操作步骤如下：

(1) 双击打开数据源【Terrain】中【DEM】数据集。

(2) 单击【空间分析】选项卡中【栅格分析】组的【表面分析】按钮，在弹出的下拉菜单中选择【坡度分析】项，弹出【坡度分析】对话框，相应参数设置如图 11-22 所示。

图 11-22

(3)单击【确定】按钮,执行坡度分析操作,结果如图 11-23 所示。

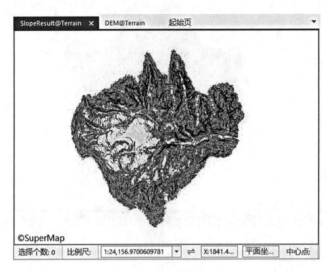

图 11-23

(4)通过【查询栅格值】按钮,直观地查询每一个地区坡度情况,如图 11-24 所示。

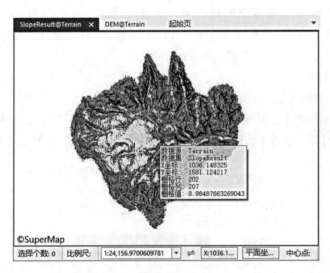

图 11-24

6)坡向分析

坡向分析用于计算栅格数据集(通常使用 DEM 数据)中各个像元的坡度面的朝向。坡向计算的范围是 0°到 360°,以正北方 0°开始,按顺时针移动,回到正北方以 360°结束。平坦的坡面没有方向,赋值为-1。

具体操作步骤如下:

(1)双击打开数据源【Terrain】中【DEM】数据集。

(2)单击【空间分析】选项卡中【栅格分析】组的【表面分析】按钮,在弹出的下拉菜单中选择【坡向分析】项,弹出【坡向分析】对话框。

(3)在【坡向分析】对话框中进行参数设置,如图 11-25 所示。

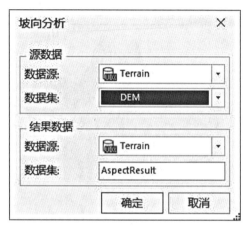

图 11-25

(4)单击【确定】按钮,执行坡向分析操作,效果如图 11-26 所示。

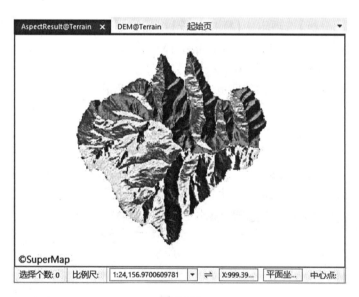

图 11-26

4. 矢栅转换

1)矢量栅格化

具体操作步骤如下:

(1)新建【RasterAnalysis.smwu】工作空间。

(2)在当前工作空间中导入【Terrain】数据源。

(3)在数据源【Terrain】中双击打开点数据集【IsoRegion_All】,添加到当前图层,如图11-27所示。

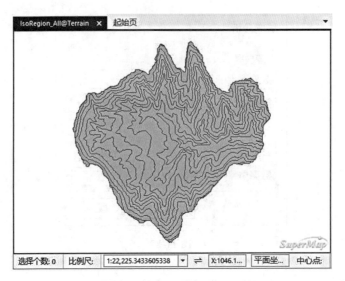

图 11-27

(4)单击【空间分析】选项卡中【栅格分析】组的【矢栅转换】按钮,在弹出的下拉菜单中选择【矢量栅格化】功能,弹出【矢量栅格化】对话框。

(5)参数设置。数据源选择【Terrain】,数据集选择【IsoLine_All】,栅格值字段选择【dMaxZvalue】字段,其他参数默认即可。具体参数设置如图11-28所示。

图 11-28

(6)完成矢量栅格化相关参数的设置后,单击【确定】按钮,执行矢量栅格化操作,效果如图11-29所示。

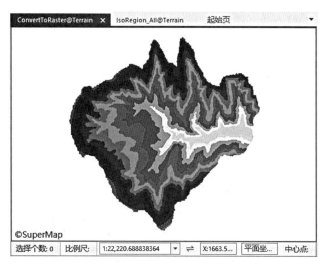

图 11-29

2) 栅格矢量化

具体操作步骤如下：

（1）新建【RasterAnalysis.smwu】工作空间。

（2）在当前工作空间中导入【Terrain】数据源。

（3）在数据源【Terrain】中双击打开点数据集【DEM100】，添加到当前图层，如图 11-30 所示。

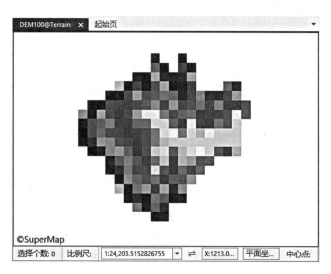

图 11-30

（4）单击【空间分析】选项卡中【栅格分析】组的【矢栅转换】按钮，在弹出的下拉菜单中选择【栅格矢量化】功能，弹出【栅格矢量化】对话框。

183

(5)参数设置。数据源选择【Terrain】,数据集选择【DEM100】,其他参数默认即可。具体参数设置如图 11-31 所示。

图 11-31

(6)完成栅格矢量化相关参数的设置后,单击【确定】按钮,执行栅格矢量化操作,效果如图 11-32 所示。

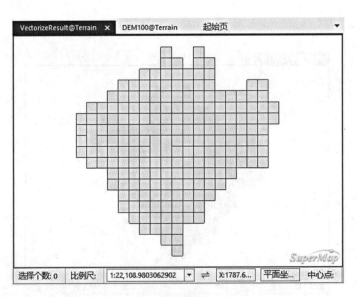

图 11-32

此外,矢栅转换还有其他几种方法,读者可以参考联机帮助进行学习,这里不再赘述。

5. 密度分析

大数据分布式分析服务提供了密度分析,并支持简单密度分析和核密度分析两种分析方式。密度分析可用于分析全球各区域恐怖袭击事件发生的密度。根据车辆 GPS 定位数据,分析交通的车流量。

1)简单密度分析

简单密度分析用于计算每个点的指定邻域形状内的每单位面积量值。计算方法为点的测量值除以指定邻域面积,点的邻域叠加处,其密度值也相加,每个输出栅格的密度均为叠加在栅格上的所有邻域密度值之和。

具体操作步骤如下:

(1)新建【RasterAnalysis. smwu】工作空间,在当前工作空间中导入【Shop】数据源。

(2)单击【空间分析】选项卡中【栅格分析】组的【密度分析】按钮,在弹出的菜单中选择【简单密度分析】功能,弹出【简单密度分析】对话框。

(3)参数设置。源数据中数据源为【Shop】,数据集为【Shop】,密度字段选择【ShopNum】,邻域设置矩形宽度为【30】,矩形高度为【30】,结果数据集命名为【PointDesityResult】,其他参数默认即可,如图 11-33 所示。

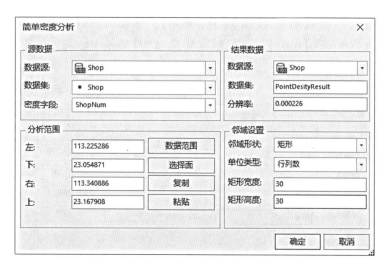

图 11-33

(4)完成相关参数设置后,单击【确定】按钮,执行简单密度分析操作,效果如图 11-34所示。

2)核密度分析

核密度分析可用于计算人口密度、建筑密度、获取犯罪情况报告、旅游区人口密度监测、连锁店经营情况分析等。只能对点或线数据进行核密度分析。

具体操作步骤如下:

(1)新建【RasterAnalysis. smwu】工作空间,在当前工作空间中导入【Shop】数据源。

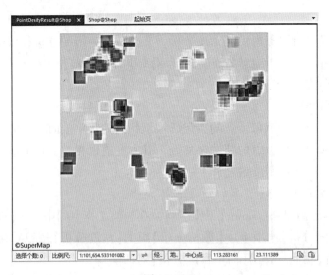

图 11-34

(2)单击【空间分析】选项卡中【栅格分析】组的【密度分析】按钮,在弹出的菜单中选择【核密度分析】功能,弹出【核密度分析】对话框。

(3)参数设置。源数据中数据源为【Shop】,数据集为【Shop】,密度字段选择【ShopNum】,查找半径为【0.01】,结果数据集命名为【KernelDensityResult】,其他参数默认即可,如图 11-35 所示。

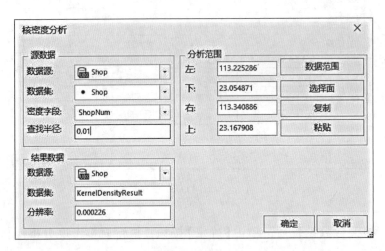

图 11-35

(4)完成相关参数设置后,单击【确定】按钮,执行简单密度分析操作,效果如图11-36所示。

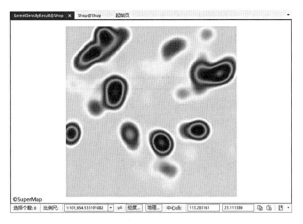

图 11-36

6. 太阳辐射

实例：提供北京部分地区地形数据 BeijingTerrain，分析该地区指定时间段内的总辐射量。

具体操作步骤如下：

(1) 新建【RasterAnalysis.smwu】工作空间，在当前工作空间中导入【BeijingTerrain】数据源。

(2) 单击【空间分析】选项卡中【栅格分析】组的【太阳辐射】按钮，在弹出的菜单中选择【太阳辐射】功能，弹出【太阳辐射分析】对话框。

(3) 设置源数据中数据源为【BeijingTerrain】，数据集为【BeijingTerrain】。

(4) 设置起始时间为【1月5日】，终止时间为【6月9日】。

(5) 勾选【直射辐射量】、【散射辐射量】、【直射持续时间】，其他参数默认即可，如图 11-37 所示。

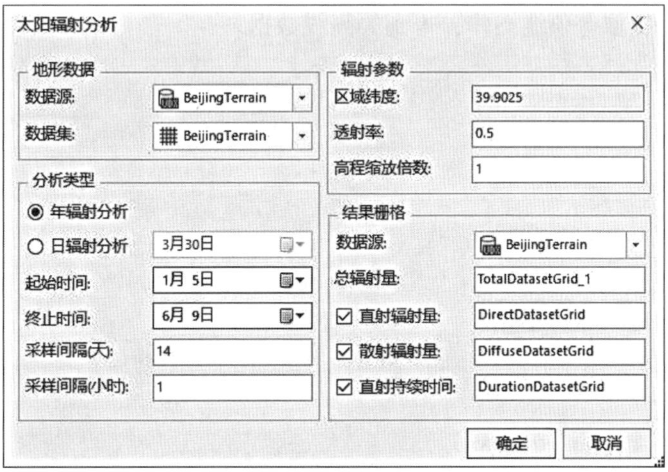

图 11-37

（6）完成相关参数设置后，单击【确定】按钮，执行太阳辐射分析操作，得到时间段内的总辐射量，如图 11-38 所示。

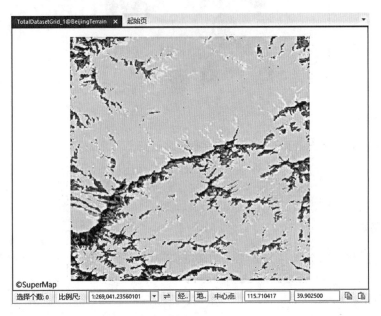

图 11-38

此外，栅格分析还有其他几种分析方法，读者可以参考联机帮助进行学习，这里不再赘述。

(五) 拓展练习

利用 BeijingTerrain 数据源中的 DEM 数据：BeijingTerrain，完成以下操作：
（1）制作三维晕渲图，并将颜色改为黑白渐变色，突出地形起伏变化。
（2）制作正射三维影像图。
（3）对其进行提取等值线操作，得到等高线数据。

实验十二　三维数据显示与分析

(一) 实验目的

(1) 了解三维场景相关概念;
(2) 掌握三维场景的基本操作方法;
(3) 掌握通视分析、城市三维分析的相关基础操作。

(二) 实验内容

(1) 三维场景的创建;
(2) 二维空间数据在三维场景的显示;
(3) 完成三维场景空间测量;
(4) 完成通视分析、城市三维分析的相关基础操作。

(三) 实验数据

(1) 实验数据 \ 实验十二 \ CBD \ CBD.smwu;
(2) 实验数据 \ 实验十二 \ BIM \ bim.smwu;
(3) 实验数据 \ 实验十二 \ BeijingTerrain.udbx;
(4) 实验数据 \ 实验十二 \ 布尔运算 \ 布尔运算.udbx;
(5) 实验数据 \ 实验十二 \ 矢量拉伸建模 \ 矢量拉伸建模.smwu。

(四) 实验步骤

1. 三维场景介绍

三维场景是用虚拟化技术手段来真实模拟出现实世界的各种物质形态、空间关系等信息。SuperMap iDesktop 软件中的三维场景包括球面场景和平面场景两种视图模式。

1) 平面场景

平面场景是使地球球面展开成平面,模拟整个大地,类似一个平面的形式进行场景展示。平面场景的特点是仅支持加载平面坐标系和投影坐标系的数据;不支持加载和新建KML 数据;不支持显示海洋水体、大气层和经纬网等要素。因此平面场景常用于加载小范围内的 CAD 数据等。

2)球面场景

球面场景是指以球体对地球表层的场景进行模拟展示的三维场景。球面场景支持加载地理坐标系和投影坐标系的数据,而且可以控制经纬网格、导航罗盘、帧率信息等要素的显隐。

3)三维图层组织

三维场景中的数据是通过三维图层组织的,三维图层从上到下依次有屏幕图层、普通图层和地形图层,这个层次也对应着图层管理器中的层次结构。其中,最主要的图层就是普通图层,绝大部分数据是由它承载的,其次是地形图层,主要承载地形数据。

(1)屏幕图层:

屏幕图层是用于添加水印、标注或者 logo 等。添加的这些对象是临时的,不能在场景中保存。

添加的方法是在图层管理器中的屏幕图层上单击右键,选择添加对象,添加的对象采用屏幕坐标,没有地理坐标。添加对象后,可以对对象的大小、位置进行编辑。方法是在添加的对象上点击右键,勾选编辑,在对象的边界,拖动鼠标,可以改变图片的大小,将鼠标放在对象的中心十字交叉处,可以移动对象。

(2)普通图层:

二维数据、模型数据、KML 数据、缓存数据(除地形缓存)添加到三维场景中,都将作为普通图层来管理。

直接拖拽数据集到三维场景,除了 DEM 数据,其他数据均被添加到普通图层,在普通图层上单击右键,还可以添加影像缓存数据、三维切片缓存数据(S3M 图层缓存)、KML 数据、矢量缓存数据等。

(3)地形图层:

地形图层是向三维场景中添加的地形数据(DEM 数据集/TIN 地形)都作为地形图层来管理,有地形起伏的效果。

此外,还可以加载栅格数据集、地形缓存(∗.sct)。在加载栅格数据时,会弹出对话框,询问是作为地形加载还是作为影像加载,作为地形加载,根据需要进行选择。如果只作为地形加载,就看不到地形的颜色。

2. 三维图层数据加载

新建一个场景窗口,向场景中添加地形缓存数据、影像数据和 KML 数据,并对所添加的数据进行简单的浏览,最后保存场景。

1)新建一个场景窗口

(1)启动 SuperMap iDesktop 10i 应用程序。

(2)点击功能区【开始】选项卡【浏览】组的【场景】下拉按钮,在弹出的下拉菜单中选择【新建球面场景窗口】按钮;或者在工作空间管理器中,右键点击【场景】,在弹出的右键菜单中选择【新建球面场景】项,如图 12-1 所示。

图 12-1

(3) 新建的场景窗口中的场景如图 12-2 所示。

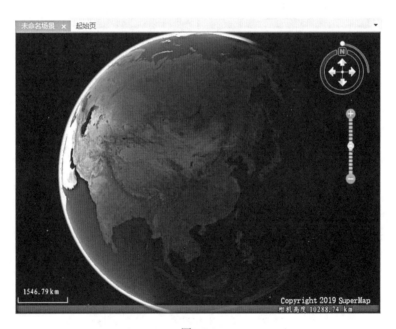

图 12-2

(4) 如图 12-3 所示，在【场景】中右键单击选择【属性】，弹出【场景属性】对话框。

(5) 在【场景属性】对话框中找到其他属性，可以控制导航罗盘、帧率信息、状态条等的显示，如图 12-4 所示。在进行三维演示时，需要显示导航罗盘，那么可以在这里进行修改。当浏览场景时，可以通过帧率查看显示是否流畅，帧率越高，场景显示越流畅。

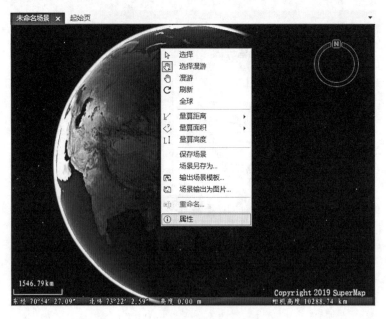

图 12-3

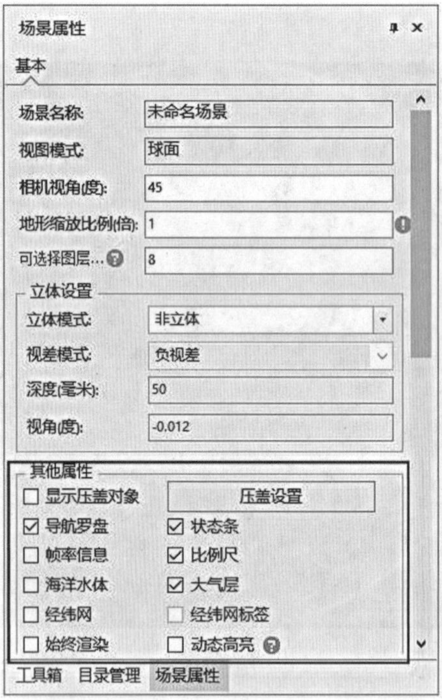

图 12-4

如果用户需要加载全球框架数据，可以打开【文件】选项卡中的【选项】按钮，通过修改【选项】对话框上的【常用】项来设置。勾选【新建场景自动加载框架数据】项，则场景中会加载 SuperMap iDesktop 10i 安装包所提供的框架数据，如图 12-5 所示。因此，新建一个场景窗口后,场景中默认具有了一些图层,这些图层均为全球范围的数据,如图 12-6 所示。

图 12-5

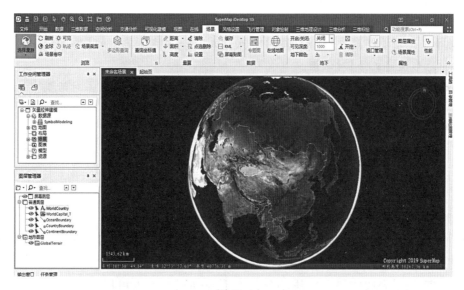

图 12-6

2）加载数据

向当前场景中添加地形数据（影像数据）和模型数据。

（1）添加地形数据。

① 打开数据源【BeijingTerrain】。

② 右键单击工作空间管理器中数据源【BeijingTerrain】中的【BeijingTerrain】栅格数据集，并选择右键菜单中的【添加到当前场景】项。

③ 成功添加地形数据后，图层管理器中【地形图层】节点下将增加一个子节点，对应刚刚加载的地形数据，如图 12-7 所示。

图 12-7

说明：如果将地形缓存数据添加到场景中，具体操作如下：

① 点击功能区【场景】选项卡【数据】组【缓存】按钮或【缓存】的下拉按钮【加载缓存】；或者右键单击图层管理器中【地形图层】节点，并选择右键菜单中的【添加地形缓存】项，打开【三维地形缓存文件】对话框。

② 找到要加载的地形缓存数据（*.sct 文件），选中该文件，点击对话框中的【打开】按钮。

（2）浏览场景。

① 在图层管理器中，鼠标左键双击普通节点下刚刚加载的地形缓存数据（BeijingTerrain）对应的图层节点，场景将自动缩放、飞行到影像缓存数据对应的地理范围的视图。

② 缩放、飞行后的结果如图 12-8 所示。

③ 如图 12-9 所示，鼠标左键单击导航罗盘上的圆按钮，并按住不放，沿着四分之一圆弧轨迹拖动圆按钮，可以对场景进行拉平和竖起。

另外，在场景中按住鼠标中键不放，上下拖动鼠标，也可以实现场景的拉平竖起操作。

图 12-8

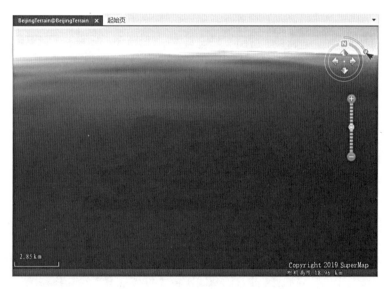

图 12-9

④ 如图 12-10 所示，鼠标左键单击导航罗盘上的放大按钮，可以放大场景。另外，在场景中滚动鼠标中键，也可以实现缩放场景的操作。

⑤ 如图 12-11 所示，鼠标左键点击导航罗盘上的上下左右方向键，可以平移场景。另外，在场景中按住鼠标左键不放，拖动鼠标，也可以实现平移场景的操作。

⑥ 如图 12-12 所示，鼠标左键点击导航罗盘上的带有字母【N】的按钮，并按住不放，沿着圆弧轨迹拖动按钮，可以改变场景的正北方向，即旋转场景，改变观察角度。另外，在场景中按住鼠标中键不放，左右拖动鼠标，也可以实现旋转场景的操作。

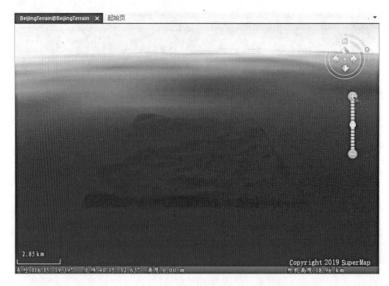

图 12-10

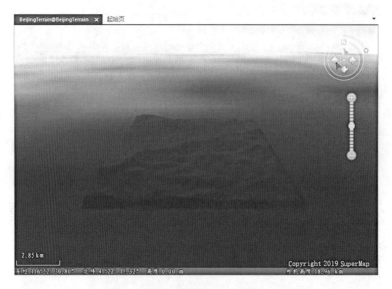

图 12-11

(3) 设置地形缩放比例。

【场景属性】面板上的【地形缩放比例(倍)】参数，用来设置地形数据的垂直夸张程度，即对原始的地形数据夸张多少倍，可以在其右侧的文本框中输入数值。如图 12-13 所示，默认地形缩放比例为 1，图 12-14 设置的地形缩放比例为 2.5，可以发现设置后的地形起伏更加清晰可辨。

(4) 添加 CBD 精细模型数据集。

① 打开工作空间【CBD.smwu】。

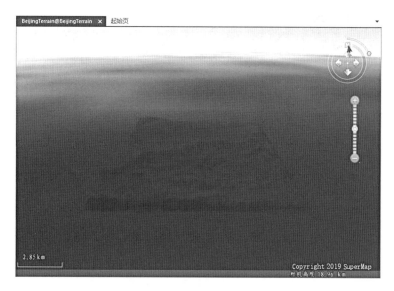

图 12-12

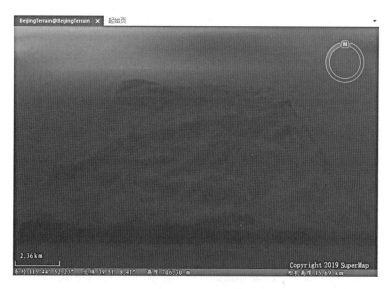

图 12-13

② 找到要加载的 CBD 模型数据所在的数据源，即工作空间【CBD.smwu】中数据源【CBD】的【Ground】、【Ground2】、【Building】、【Tree】数据集，选中该文件，右键单击选择【添加到新球面场景】，如图 12-15 所示。

③ 成功添加 CBD 模型数据后，工作空间图层管理器将增加一个数据源节点，在此数据源中包含了刚刚加载的 CBD 模型数据集。

④ 在图层管理器【普通图层】节点下，右键单击或左键双击【Ground】、【Ground2】、【Building】、【Tree】数据集中的任一个，将该数据集定位到场景中浏览，如图 12-16 所示。

图 12-14

图 12-15

(5) 添加 BIM 精细模型数据集。

① 打开工作空间【bim.smwu】。

② 找到要加载的 BIM 模型数据所在的数据源,即工作空间【bim.smwu】中数据源【bim】的所有数据集,选中该文件,单击右键选择【添加到新球面场景】,如图 12-17 所示。

③ 成功添加 BIM 模型数据后,工作空间图层管理器将增加一个数据源节点,此数据

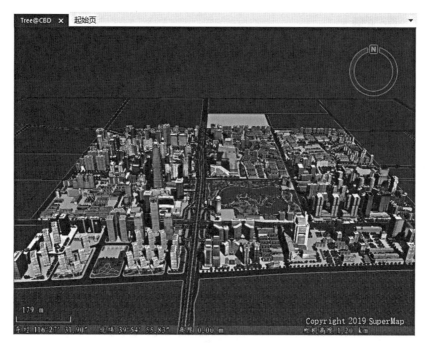

图 12-16

图 12-17

源中包含了刚刚加载的 BIM 模型数据集。

④在图层管理器【普通图层】节点下，右键单击或左键双击任一个数据集，将该数据集定位到场景中浏览，如图 12-18 所示。

3）保存场景

图 12-18

（1）将场景保存到工作空间中。

① 在场景窗口中右键单击鼠标，在弹出的右键菜单中选择【保存场景】项，如图 12-19 所示。

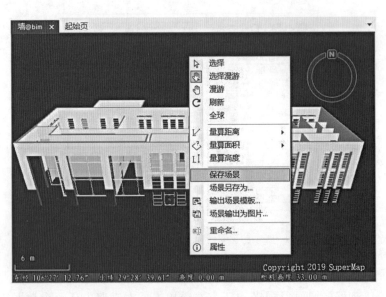

图 12-19

② 如果是第一次保存该场景，则会弹出【保存场景】对话框，输入场景的名称，单击

【确定】按钮即可(图12-20)。这样,场景将保持在当前的工作空间中,但只有保存了该工作空间,场景才能最终保存下来。再次打开该工作空间时,就可以获取到保存的场景。

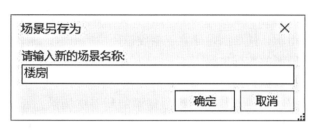

图 12-20

(2)另存场景。

① 在工作空间管理器中,右键单击【场景】节点下要进行保存的场景,在弹出的右键菜单中选择【场景另存为】,如图12-21所示。或者在场景窗口中右键单击鼠标,在弹出的右键菜单中选择【场景另存为】项。

图 12-21

② 打开【场景另存为】对话框,输入新场景的名称,单击【确定】按钮。

③ 在工作空间管理器中,【场景】节点下将增加一个子节点,对应刚刚另存的场景。

④ 另存的场景是保存在当前打开的工作空间中的,只有保存了该工作空间,场景才能最终保存下来。

此外,还有其他模型数据加载方法,读者可以参考联机帮助进行学习,这里不再赘述。

3. 二维空间数据的三维显示

传统地理信息系统积累了丰富的二维 GIS 数据，如果完全丢弃以往的这些二维数据，重新制作新的三维 GIS 数据，就会造成极大的浪费。如果能对已有的二维 GIS 数据进行提取、转换或者重新组织，使之满足建立三维虚拟环境的需求，那么二维 GIS 数据无疑是一个内容丰富、成本低廉的数据来源。

用已有的二维矢量数据来构建三维场景的方式一般分为两种：

一种是不改变数据本身，直接将二维数据添加到三维场景，通过三维图层去渲染它们，使它们呈现出三维的效果。在三维图层中，先赋给二维点、线、面一个高程，再用三维的符号去表达它们。对线和面数据，还可以进行空间上的拉伸，成为立体模型，再进行贴图设置，得到逼真的三维模型。

另一种是将二维数据转换成真正的三维数据后，再添加到场景中进行表达。通过将二维的点、线、面的高程属性转换成 Z 坐标，可以将二维数据升级成三维数据；也可以从同一地区的 TIN 地形数据或倾斜摄影模型数据，提取高程来升级为三维数据；或者给二维面数据一个底部高程值，然后空间上进行拉伸并贴图，生成一个真正的三维实体模型。

1）三维符号化渲染

添加【路灯】点数据集，并符号化渲染【路灯】图层；添加【道路】线数据集，并符号化渲染【道路】图层；添加【水面】面数据集，并符号化渲染【水面】图层。

(1)渲染路灯点数据集。

具体操作步骤如下：

① 在工作空间管理器下打开工作空间【矢量拉伸建模.smwu】。

② 点击工作空间【矢量拉伸建模.smwu】目录下数据【SymbolModeling】，选择数据集【路灯】，右键单击选择【添加到新球面场景】或【添加到当前场景】或直接拖拽到当前场景中，如图 12-22 所示。

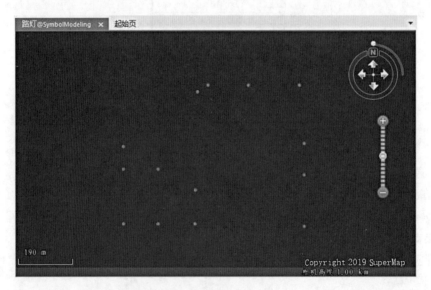

图 12-22

③ 成功添加数据集【路灯】后，图层管理器中【普通图层】节点下将增加一个【路灯】子节点，如图 12-23 所示。

图 12-23

④ 在【风格设置】选项卡【拉伸设置】组中设置当前图层的高度模式为【绝对高度】或【相对地面】模式。

⑤ 在图层管理器中【普通图层】节点下选择【路灯】子节点，右键单击选择【图层风格】，弹出【点符号选择器】对话框。

⑥ 在【点符号选择器】对话框中选择对话框左侧【三维符号】后，选择三维点符号库根目录文件夹【路灯】下的【3D 路灯_01】，设置缩放比例为 5，如图 12-24 所示。

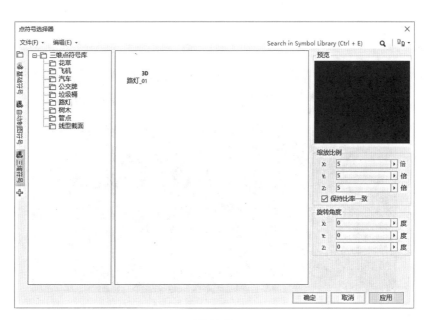

图 12-24

⑦ 符号参数设置完毕后，先后单击【应用】和【确定】按钮，完成路灯的三维符号化渲染，效果如图 12-25 所示。

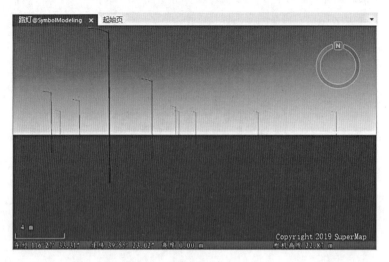

图 12-25

(2) 渲染道路线数据集。

具体操作步骤如下：

① 在工作空间管理器下打开工作空间【矢量拉伸建模.smwu】。

② 点击工作空间【矢量拉伸建模.smwu】目录下数据【SymbolModeling】，选择数据集【道路】，右键单击选择【添加到新球面场景】或【添加到当前场景】或直接拖拽到当前场景中，如图 12-26 所示。

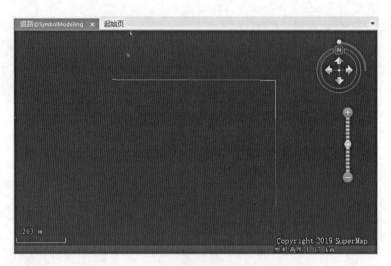

图 12-26

③ 成功添加数据集【道路】后，图层管理器中【普通图层】节点下将增加一个【道路】子节点，如图 12-27 所示。

图 12-27

④ 在【风格设置】选项卡的【拉伸设置】组中设置当前图层的高度模式为【贴地】模式，如图 12-28 所示。

图 12-28

⑤ 在图层管理器中【普通图层】节点下选择【道路】子节点，右键单击选择【图层风格】，弹出【线符号选择器】对话框。

⑥ 在【线符号选择器】对话框中选择对话框左侧【三维线型库】后，选择三维线型库根目录文件夹下的【公路】，设置线宽度为 16，如图 12-29 所示。

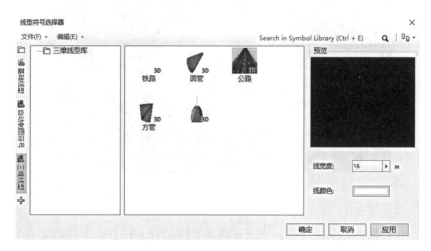

图 12-29

205

⑦ 符号参数设置完毕后，先后单击【应用】和【确定】，完成道路的三维符号化渲染，效果如图 12-30 所示。

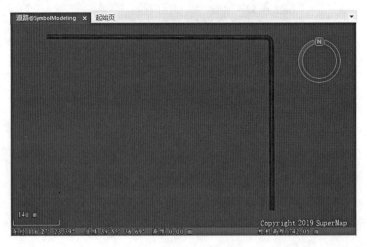

图 12-30

（3）渲染水面数据集。

具体操作步骤如下：

① 在工作空间管理器下打开工作空间【矢量拉伸建模.smwu】。

② 点击工作空间【矢量拉伸建模.smwu】目录下数据【SymbolModeling】，选择数据集【水面】，右键单击选择【添加到新球面场景】或【添加到当前场景】，或者直接拖拽到当前场景中，如图 12-31 所示。

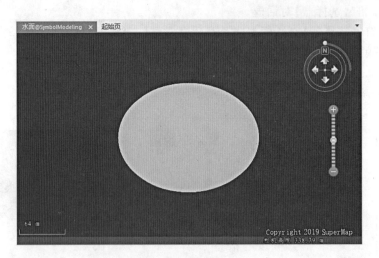

图 12-31

③ 成功添加数据集【水面】后，图层管理器中【普通图层】节点下将增加一个【水面】子节点，如图 12-32 所示。

图 12-32

④ 在【风格设置】选项卡的【拉伸设置】组中设置当前图层的高度模式为【绝对高度】或【相对地面】模式,再设置【底部高程】和【拉伸高度】的值,可直接输入一个数值或从某一字段取值,如图 12-33 所示。

图 12-33

⑤ 在图层管理器的【普通图层】节点下选择【水面】子节点,右键单击选择【图层风格】,弹出【点符号选择器】对话框。

⑥ 在【填充符号选择器】对话框中选择对话框左侧【三维填充】后,选择三维填充库根目录文件夹下的【平静湖水】,如图 12-34 所示。

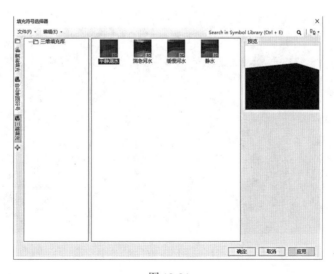

图 12-34

⑦ 设置符号参数完毕后，先后单击【应用】和【确定】，完成水面的三维符号化渲染，效果如图 12-35 所示。

图 12-35

2）快速建模

具体操作步骤如下：

（1）启动 SuperMap iDesktop 10i 应用程序，在工作空间管理器下打开工作空间【矢量拉伸建模.smwu】。

（2）点击工作空间【矢量拉伸建模.smwu】目录下数据【SymbolModeling】，选择数据集【建筑_2】，右键单击选择【添加到新球面场景】或【添加到当前场景】，或者直接拖拽到当前场景中，如图 12-36 所示。

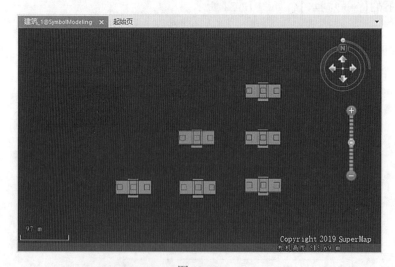

图 12-36

（3）成功添加数据集【建筑_1】后，图层管理器中【普通图层】节点下将增加一个【建筑_2】子节点，如图12-37所示。

图 12-37

（4）在【风格设置】选项卡中的【拉伸设置】组，选择和设置高度模式为【相对地面】，设置【拉伸高度】为35，单位为米，如图12-38所示。

图 12-38

（5）单击【拉伸设置】组中的【贴图设置】按钮，在弹出的【三维贴图管理】面板中可以设置面对象被拉伸为体对象后的顶面贴图和侧面贴图。

（6）单击【顶面贴图】组中【贴图来源】右侧的组合框下拉按钮，弹出的下拉菜单中列举了【建筑_2】面数据集所包含的所有文本型字段的名称，如果数据集中某个字段存储了各个对象顶面贴图所使用的图片全路径信息，可以通过指定该字段为顶面贴图字段，从而使各个对象使用自己的贴图。

（7）本实例中，选择【顶面贴图来源】字段获取【顶面贴图】图片路径信息；选择【侧面贴图来源】字段获取【侧面贴图】图片路径信息。当然，也可单击【贴图来源】组合框的下拉列表中【选择文件】项，自定义路径完成贴图。

（8）【三维贴图管理】面板中，【侧面贴图】和【顶面贴图】的【横向重复】、【纵向重复】均使用默认数值1，【重复模式】均使用默认的【重复次数】模式，如图12-39所示。

（9）进入到功能区的【风格设置】选项卡中，在【填充风格】组中，修改该面图层的风格：选择和设置【填充模式】为【填充】。

图 12-39

(10) 设置完成后,浏览数据,调整到合适的观察视角,如图 12-40 所示。
(11) 保存场景。

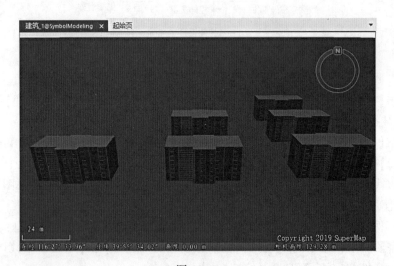

图 12-40

4. 三维空间测量

三维空间测量包括距离量算、面积量算和高度量算。

具体操作步骤如下：

（1）打开工作空间【CBD.smwu】。

（2）加载工作空间【CBD.smwu】中数据源【CBD】的【Ground】、【Ground2】、【Building】、【Tree】数据集，选中该文件，右键单击选择【添加到新球面场景】。

（3）在图层管理器【普通图层】节点下，右键单击或左键双击【Ground】、【Ground2】、【Building】、【Tree】数据集中的任一个，将该数据集定位到场景中浏览，如图12-41所示。

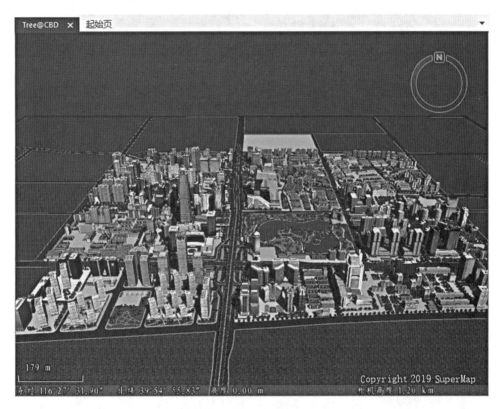

图 12-41

（4）在量算之前，依次单击【场景】选项卡中【量算】的【设置】按钮，打开设置对话框，设置距离和面积的单位，默认是米和平方米。量算完成后，单击【清除】或【点选删除】可移除量算结果。

① 高度量算：点击【场景】选项卡中【量算】的【高度】按钮，或选择某种量算方式使得鼠标处于激活状态，鼠标左键点击场景地图进行高度量算，单击右键结束。高度量算结果如图12-42所示。

② 距离量算：点击【场景】选项卡中【量算】的【距离】按钮，或选择某种量算方式使得鼠标处于激活状态，鼠标左键单击场景地图进行距离量算，单击右键结束。距离量算结果如图12-43所示。

③ 面积量算：点击【场景】选项卡中【量算】的【面积】按钮，或选择某种量算方式使得鼠标处于激活状态，鼠标左键单击场景地图进行面积量算，单击右键结束。面积量算结果

图 12-42

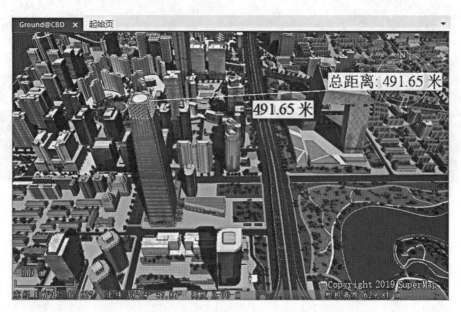

图 12-43

如图 12-44 所示。

5. 三维空间数据布尔运算

布尔运算是数字符号化的逻辑推演法,引用这种逻辑运算方法可以实现对三维模型对象间进行合并、求差、求交运算,输出结果数据。

图 12-44

具体操作步骤如下：

(1) 启动 SuperMap iDesktop 10i 应用程序，在工作空间管理器中打开【布尔运算.udbx】数据源。

(2) 选择数据源【布尔运算】中的数据集【JingjinImage】和【隧道中心线】，右键单击选择【添加到新球面场景】或【添加到当前场景】，或者直接拖拽到当前场景中，如图 12-45 所示。

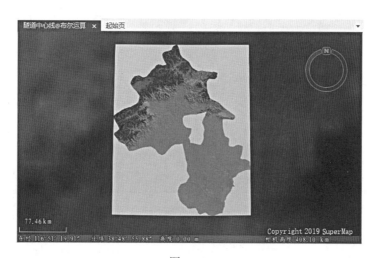

图 12-45

(3) 在图层管理器中选择【地形图层】，右键选择【添加地形缓存】，加载地形文件 JingjinTerrain@布尔运算.sct。双击图层管理器中的数据，定位到数据所在的位置。

(4) 点击【三维地理设计】选项卡【规则建模】下拉菜单中【放样】选项，弹出【放样】对话框。

(5) 在【放样】对话框中设置参数。设置对象所在图层为【隧道中心线】，如图 12-46 所示；在参数设置中，点击【绘制】按钮，在弹出的【绘制面】对话框中选择【导入】，在弹出的【选择】对话框中选中面数据集【隧道截面】，点击【确定】，如图12-47所示。

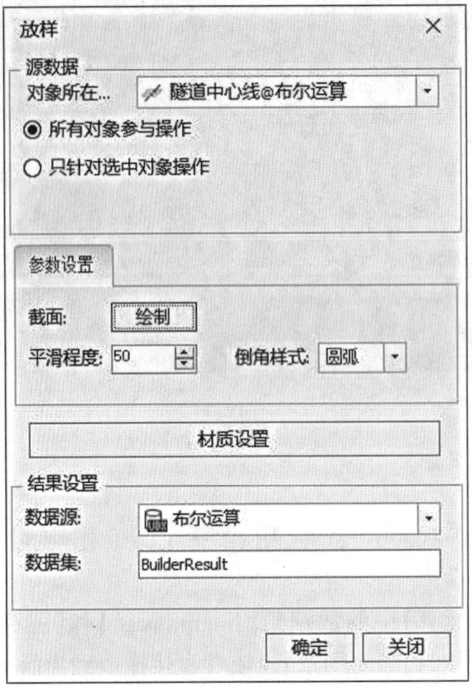

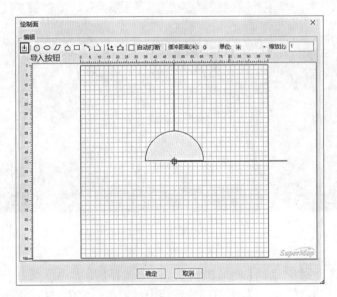

图12-46

图12-47

(6)单击【放样】对话框中【确定】按钮，将生成模型数据集，自动添加到场景当中，如图12-48所示。

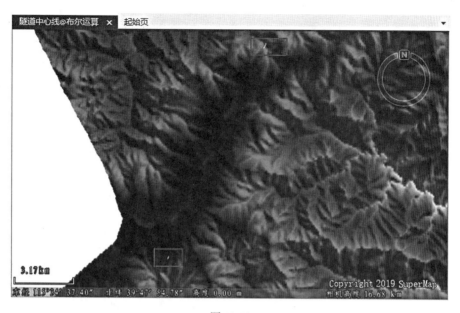

图 12-48

(7)点击【三维地理设计】选项卡中【TIN 地形操作】下的【布尔运算】,弹出【布尔运算】对话框。

(8)在弹出的【布尔运算】对话框中,点击【选择】按钮,在场景中选中参与运算的隧道模型,如图 12-49 所示。

图 12-49

(9)操作选择【求差】,点击【确定】,完成布尔运算操作。

(10)在图层管理器中,取消显示模型图层,实现在山体模型中挖出贯通的隧道,如

215

图 12-50,图 12-51 所示。

图 12-50

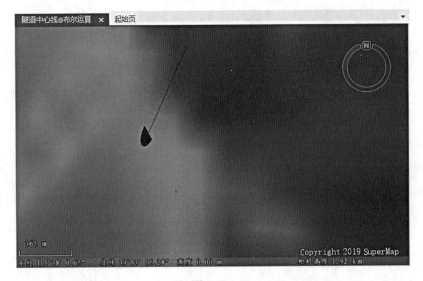

图 12-51

6. 三维可视性分析

通视分析用于判断三维场景中任意两点之间的通视情况。通视分析需要指定观察点和被观察点,观察点与被观察点是一对多的关系。分析结果输出线将沿着输入视线的可见与不可见部分进行划分,电脑屏幕上绿色表示可见,红色表示不可见。

1) 通视分析

通视分析可被广泛应用于建筑物视线遮挡判断、监控覆盖率、通信信号覆盖、军事设施布设、军事火力覆盖等多方面。

实例：某来京旅客，从中国大饭店某房间想要观赏北京 CBD 区域标志性建筑，试模拟其通视情况。

具体操作步骤如下：

（1）打开工作空间【CBD.smwu】。

（2）加载工作空间【CBD.smwu】中数据源【CBD】的【Ground】、【Ground2】、【Building】、【Tree】数据集，选中该文件，右键单击选择【添加到新球面场景】。

（3）在图层管理器【普通图层】节点下，右键单击或左键双击【Ground】、【Ground2】、【Building】、【Tree】数据集中的任一个，将该数据集定位到场景中浏览，如图 12-52 所示。

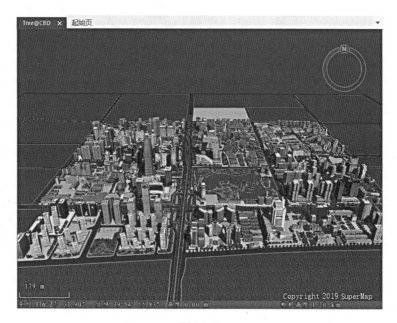

图 12-52

（4）在【三维分析】选项卡的【空间分析】组中，单击【通视分析】按钮，进入【三维空间分析】对话框，如图 12-53 所示。

图 12-53

217

（5）在弹出的【三维空间分析】对话框中，点击【添加】按钮，在场景的适当位置单击拾取观察点与被观察点，如图12-54所示。添加一个观察点之后，鼠标状态会自动切换为拾取被观察点的状态，可继续添加一个或多个被观察点。在移动鼠标绘制被观察点时，可实时显示观察点与鼠标所在位置处的通视情况。

注意：三维通视分析的多条通视线的最大角度不得大于120度，超过该数值的通视线为灰色。

图12-54

2）可视域分析

可视域分析被广泛应用于安保、监控、森林防火观察台设置、航海导航、航空以及军事等多方面。

具体操作步骤如下：

（1）打开工作空间【CBD.smwu】。

（2）加载工作空间【CBD.smwu】中数据源【CBD】的【Ground】、【Ground2】、【Building】、【Tree】数据集，选中该文件，单击右键选择【添加到新球面场景】。

（3）在图层管理器【普通图层】节点下，右键单击或左键双击【Ground】、【Ground2】、【Building】、【Tree】数据集中的任一个，将该数据集定位到场景中浏览。

（4）在【三维分析】选项卡的【空间分析】组中，单击【可视域分析】按钮，进入【三维空间分析】对话框，如图12-55所示。

（5）在弹出的【三维空间分析】对话框中，点击【添加】按钮，在模型数据表面单击鼠标选取观察点，并移动鼠标设置可视域距离，从而确定可视域分析的范围，如图12-56所示(电脑屏幕上绿色代表可视，红色代表不可视)。

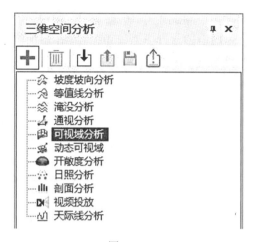

图 12-55

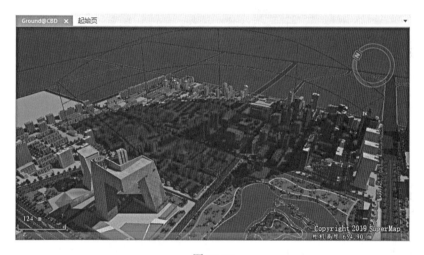

图 12-56

7. 城市空间三维分析

1）日照分析

日照分析是指根据指定的区域所在的经纬度范围，计算该区域在某段时间内，可被太阳照射到的时间长度。同时根据指定的最大、最小高度，采样距离，采样频率，得到指定区域内的采光信息，采光值表示该处日照时间占开始时间到结束时间中时间的百分比。

日照分析广泛应用于土木工程、城市规划和景观分析等领域，在城市规划中，进行选址时，日照分析功能可以输出适宜性模型作为重要参考。

实例：现进行购房模拟，查询某小区冬季某日 6：00～18：00 采光信息，判断其中采光最充足的楼层，为购房选择提供一定的参考。

具体操作步骤如下：

(1)打开工作空间【CBD.smwu】。

(2)加载工作空间【CBD.smwu】中数据源【CBD】的【Ground】、【Ground2】、【Building】、【Tree】数据集,选中该文件,右键单击选择【添加到新球面场景】。

(3)在图层管理器【普通图层】节点下,右键单击或左键双击【Ground】、【Ground2】、【Building】、【Tree】数据集中的任一个,将该数据集定位到场景中浏览。

(4)在【三维分析】选项卡的【空间分析】组中,单击【日照分析】按钮,进入【三维空间分析】对话框,如图12-57所示。

图 12-57

(5)在【三维空间分析】对话框中,点击【添加】按钮,将鼠标移至场景中,单击鼠标左键绘制分析范围,单击右键结束绘制,确定日照分析的范围,如图12-58所示。

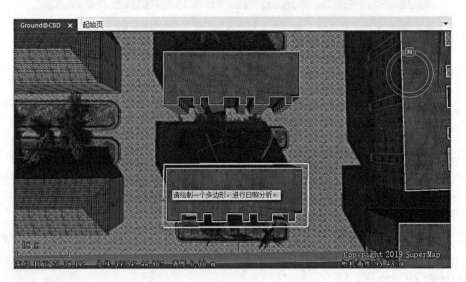

图 12-58

(6)采样距离是指在指定的平面和高度范围内,输出采样点的频率,已知该小区楼层高度为 3 米,在"三维空间分析"对话框中,采样距离设置为"3",如图 12-59 所示。

图 12-59

(7)点击【鼠标查询采光信息】按钮,鼠标放置在采样点处可查询采光信息,如图 12-60 所示,采光率为"85%"。

2)天际线分析

天际线是指天空与观察点周围的表面以及要素相分离的界线。天际线分析功能可根据观察点,生成当前场景窗口中建筑物顶端边缘与天空的分离线。借助分离线可以直观地发现不和谐的建筑体。

具体操作步骤如下:

(1)打开工作空间【CBD.smwu】。

(2)加载工作空间【CBD.smwu】中数据源【CBD】的【Ground】、【Building】数据集,选中该文件,单击右键选择【添加到新球面场景】。

(3)在图层管理器【普通图层】节点下,右键单击或左键双击【Ground】、【Building】数

图 12-60

据集中的任一个,将该数据集定位到场景中浏览。

(4)在【三维分析】选项卡的【空间分析】组中,单击【天际线分析】按钮,进入【三维空间分析】对话框,如图 12-61 所示。

图 12-61

(5)确定天际线分析观察点,这里默认"第一人称相机"为观察点。

① 第一人称相机:以当前场景视图角度和范围进行天际线分析。

② 自定义三维点:在场景中拾取一个点作为提取天际线的观察点。

③ 输入观察位置:在"观察位置"的 X、Y、Z 文本框中,直接输入观察点位置,以及观察位置的水平方向和俯仰角,修改观察点位置。

(6)确定观察点位置后,单击工具条中的【分析】按钮,即可进行天际线分析,在当前窗口中得到一条天际线,如图 12-62 所示。

3)限高体分析

在城市设计中,为了不破坏城市的天际线,可进行限高体分析。限高体分析是通过建

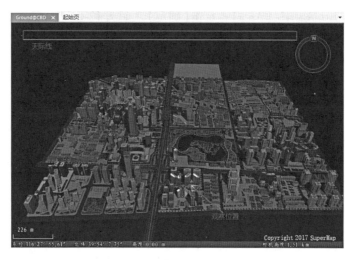

图 12-62

筑物的三维面数据,以及某固定视角的天际线,分析得到三维面对象相应的限高体。

具体操作步骤如下:

(1)打开工作空间【CBD.smwu】。

(2)加载工作空间【CBD.smwu】中数据源【CBD】的【Area】数据集,选中该文件,单击右键选择【添加到新球面场景】。

(3)在图层管理器【普通图层】节点下,右键单击或左键双击【Area】数据集,将该数据集定位到场景中浏览。

(4)确定观察点提取天际线后,单击【城市建筑规划】,展开【建筑模型管理】参数面板,单击工具栏中的【添加建筑平面】下拉菜单,单击【选择三维面图层】,如图 12-63 所示。

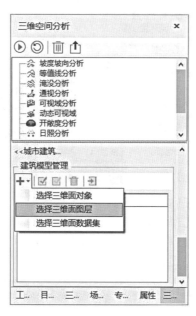

图 12-63

（5）勾选待建建筑物图层【Area】，点击【确定】，如图12-64所示。

图12-64

（6）为了更好地显示限高体，在【天际线分析】对话框的参数设置中，显示模式选择【面显示】，如图12-65所示。

图12-65

(7)根据当前视角的天际线执行限高体分析操作,得到待建区域的最高建筑模型,如图 12-66 所示。

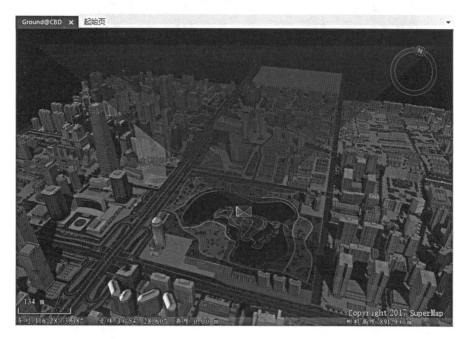

图 12-66

(8)在建筑模型管理中,单击工具条中的【导出建筑模型】,可以将限高体导出为 CAD 模型数据集,如图 12-67 所示。

图 12-67

(9)将生成的 CAD 模型数据集添加到球面场景当中进行显示,如图 12-68 所示。

注意:在球面场景中导出的限高体数据集坐标系为地理坐标系:WGS-1984;在平面场景中导出的限高体数据集坐标系为平面坐标系:米。

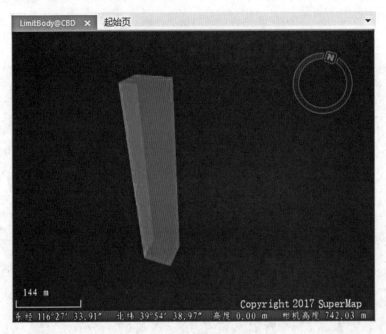

图 12-68

此外,【三维空间分析】对话框还有其他三维空间分析方法,读者可以参考联机帮助进行学习,这里不再赘述。

(五)场景操作快捷键

场景操作快捷键详见表 12-1。

表 12-1 场景操作快捷键

快捷键	功能描述
N	航向角复位
R	航向角及相机视角复位
F6	全球
F11	全屏显示
Page Up	相机拉近
Page Down	相机推远
左箭头← 或 A	向左移动
右箭头→ 或 D	向右移动
上箭头↑ 或 W	向前移动
下箭头↓ 或 S	向后移动

续表

快捷键	功 能 描 述
Alt +移动键	减小步长移动(速度降为原来的1/4)
Alt +鼠标中键	以鼠标点击点为中心进行旋转
Ctrl +左箭头←	以第一人称视角方式向左旋转
Ctrl +右箭头→	以第一人称视角方式向右旋转
Ctrl +上箭头↑	以第一人称视角方式向下倾斜视角
Ctrl +下箭头↓	以第一人称视角方式向上倾斜视角
Ctrl +鼠标中键	以第一人称视角方式调整场景方向倾斜角度
Shift +左箭头← 或 Shift + A	以场景中心点为目标逆时针旋转相机视角
Shift +右箭头→ 或 Shift + D	以场景中心点为目标顺时针旋转相机视角
Shift +上箭头↑ 或 Shift + W	以场景中心点为目标降低相机倾斜视角
Shift +下箭头↓ 或 Shift + S	以场景中心点为目标抬高相机倾斜视角
Shift +鼠标中键	以场景中心点为目标调整摄像机角度
鼠标中键	①当以常规方式浏览,若俯仰角<0°或 >90°,或遇到地形不能继续调节时,会自动切换为第一人称方式浏览; ②当以第一人称模式浏览,按住鼠标中键拖动场景,逐渐减小俯仰角度,会自动切换为常规模式浏览
Ctrl + +	飞行过程,加快飞行速度,即加速
Ctrl + -	飞行过程,减慢飞行速度,即减速
J	可将当前相机位置,作为一个新的观测点添加到当前飞行路线中

(六)拓展练习

(1)利用 KML 文件夹中的数据学习导入 KML 模型。

(2)利用工作空间【矢量拉伸建模.smwu】下数据源【SymbolModeling】中数据集【路灯】,使用制作专题图的方法对路灯完成三维符号化渲染。

实验十三　综合案例分析

一、全球人口和资源分布特征分析

(一) 实验目的

(1) 了解叠加分析的基本原理与方法。
(2) 掌握地理对象的空间关系及查询方法。

(二) 实验内容

(1) 计算各国人口和首都人口分布情况。
(2) 计算各国河流长度和分布情况。
(3) 计算各国湖泊面积和分布情况。
(4) 计算各国陆地(除去湖泊)面积。

(三) 实验数据

(1) 实验数据\实验十三\<World>：世界国家数据；
(2) 实验数据\实验十三\<Capital>：国家首都数据；
(3) 实验数据\实验十三\<Rivers>：世界河流数据；
(4) 实验数据\实验十三\<Lakes>：世界湖泊数据；
(5) 实验数据\实验十三\<Province>：中国行政区划数据；
(6) 实验数据\实验十三\<GDP>：中国各时期经济数据。

(四) 实验步骤

(1) 利用首都点数据和国家面数据【求交】叠加分析统计各国首都和人口数。
(2) 利用河流线数据和国家面数据【求交】叠加分析各国河流分布状况；SQL查询河流总长度；利用国家面数据和湖泊面数据【擦除】叠加分析统计陆地分布情况；SQL查询各国陆地总面积。

1) 人口分布统计

人口分布统计包括各国人口分布范围和首都人口分布范围的统计，利用叠加分析的求交运算来实现统计专题图对人口分布范围的表述。操作步骤如下：

(1) 叠加分析。

①在【空间分析】选项卡的【矢量分析】组中，单击【叠加分析】按钮下拉箭头，在弹出

的菜单中选择【求交】命令按钮。

②在弹出的【求交】对话框中，设置相关参数。

③以点数据集<Capital>作为源数据，将面数据集<World>作为叠加数据进行求交叠加，如图13-1所示。

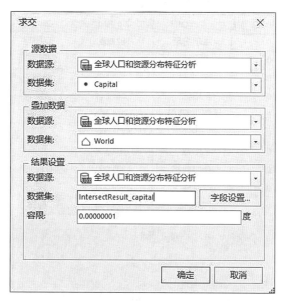

图 13-1

④点击【字段设置】，勾选源数据字段中的 CAPITAL、COUNTRY、CAP_POP 字段，以及叠加数据字段中的 POP_1994 字段，如图13-2所示。

图 13-2

⑤点击【确定】按钮，执行操作。

⑥分析结果：在工作空间管理器中，右键单击选中的叠加分析结果数据集，在弹出的右键菜单中选择【浏览属性表】项，属性表中包含国家名称和人口字段，如图13-3所示。

序号	SmUserID	Capital	Cap_Pop	Country	Pop_1994
1	0	维尔纽斯	582,000	立陶宛	3,786,560
2	0	明斯克	1,650,000	白俄罗斯	10,521,400
3	0	都柏林	1,140,000	爱尔兰	5,015,975
4	0	柏林	5,061,248	德国	81,436,300
5	0	阿姆斯特丹	1,860,000	荷兰	15,447,470
6	0	华沙	2,323,000	波兰	37,911,870
7	0	伦敦	11,100,000	英国	56,420,180
8	0	布鲁塞尔	2,385,000	比利时	10,032,460
9	0	基辅	2,900,000	乌克兰	53,164,920
10	0	布拉格	1,325,000	捷克	10,321,120

图 13-3

（2）制作专题图。

利用环状统计图平方根算法对首都人口和国家人口进行统计。

具体操作步骤如下：

①在【图层管理器中】选中结果数据集，右键选择【制作专题图】。

②在【制作专题图】对话框中，选择统计专题图中的【环状图】，如图13-4所示。

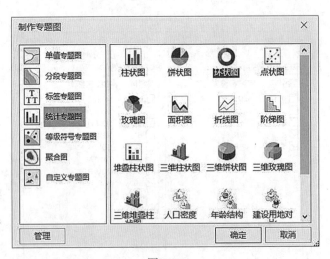

图 13-4

③在右侧弹出的【专题图】对话框中，表达式添加【CAP_POP】和【POP_1994】字段，如图13-5所示。

230

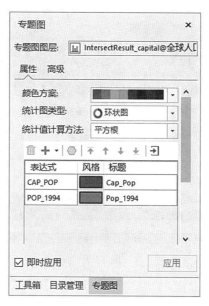

图 13-5

④由于国家人口数值较大,选择【平方根】算法来进行统计,在【高级】选项卡中,取消勾选【全局统计值】,如图 13-6 所示。

图 13-6

⑤专题图分析:通过制作的统计专题图可分析出中国和印度的总人口分布数量较多,如图 13-7 所示。

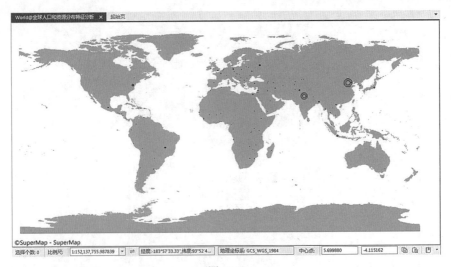

图 13-7

2)河流分布统计

河流分布特征包括河流的长度和分布的范围，通过线面数据叠加分析，利用专题图表达呈现并用 SQL 查询方法统计各个国家河流的总长度。

具体操作步骤如下：

(1)叠加分析。

① 在【空间分析】选项卡的【矢量分析】组中，单击【叠加分析】按钮下拉箭头，在弹出的菜单中选择【求交】命令按钮。

② 在弹出的【求交】对话框中，设置相关参数。

③ 以线数据集<Rivers>作为源数据，将面数据集<World>作为叠加数据进行求交叠加，如图 13-8 所示。

图 13-8

④ 点击【字段设置】，勾选源数据字段中的 NAME 字段，以及叠加数据字段中的 COUNTRY 字段，如图 13-9 所示。

图 13-9

⑤ 点击【确定】，执行操作。
⑥ 分析结果：在工作空间管理器中，右键单击选中叠加分析结果数据集，在弹出的右键菜单中选择【浏览属性表】项，属性表中包含国家名称和河流名称字段，如图 13-10 所示。

序号	SmUserID	NAME	Country
1	0	Kolyma	俄罗斯
2	0	Parana	巴西
3	0	Parana	巴拉圭
4	0	Parana	巴拉圭
5	0	Parana	阿根廷
6	0	San Francisco	巴西
7	0	Japura	哥伦比亚
8	0	Japura	巴西
9	0	Putumayo	哥伦比亚
10	0	Putumayo	厄瓜多尔
11	0	Putumayo	秘鲁
12	0	Putumayo	巴西
13	0	Rio Maranon	秘鲁

图 13-10

(2) 制作专题图。
利用单值默认专题图对河流进行呈现，具体操作步骤如下：

①在【图层管理器中】选中结果数据集,单击右键选择【制作专题图】。
②在【制作专题图】对话框中,选择单值专题图中的默认风格,如图 13-11 所示。

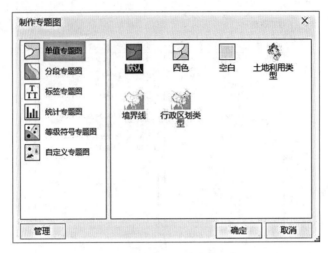

图 13-11

③在右侧弹出的【专题图】对话框中,单值表达式选择【COUNTRY】字段,如图 13-12 所示。

图 13-12

④专题图分析:通过制作的单值专题图直观地显示各个国家的河流分布情况,如图 13-13 所示。

234

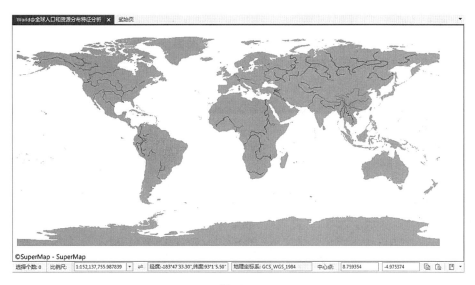

图 13-13

(3) SQL 查询。

对各个国家河流总长度进行汇总 SQL 查询，具体操作步骤如下：

①在【空间分析】选项卡的【SQL 查询】组中，单击【SQL 查询】按钮，弹出【SQL 查询】对话框。

②在【SQL 查询】对话框中，查询模式选择【查询属性信息】。

③查询字段设置为：【IntersectResult_Rivers.COUNTRY，Sum（IntersectResult_Rivers.SmLength）as Length】；分组字段选择【IntersectResult_Rivers.COUNTRY】。

④勾选【保存查询结果】，设置结果数据源和数据集，如图 13-14 所示。

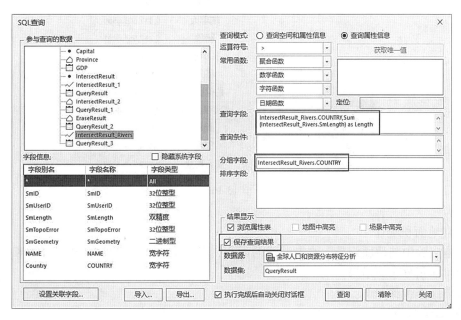

图 13-14

SQL 查询结果：

① 在工作空间管理器中，双击打开查询结果数据集。

② 选中字段<Length>，右键点击降序，如图 13-15 所示。

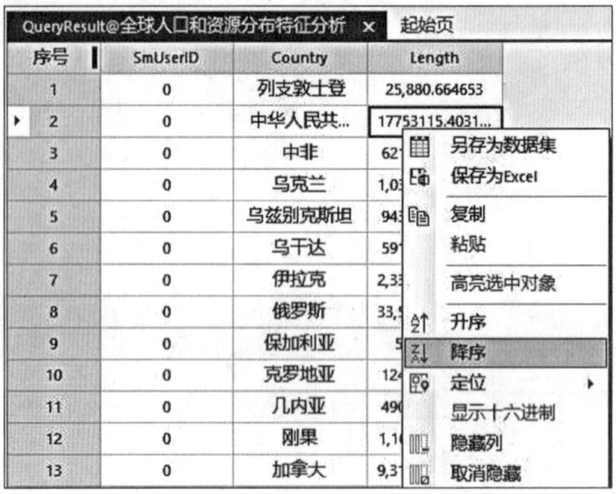

序号	SmUserID	Country	Length
1	0	列支敦士登	25,880.664653
2	0	中华人民共...	17753115.4031...
3	0	中非	62
4	0	乌克兰	1,0
5	0	乌兹别克斯坦	94
6	0	乌干达	59
7	0	伊拉克	2,3
8	0	俄罗斯	33,
9	0	保加利亚	5
10	0	克罗地亚	12
11	0	几内亚	49
12	0	刚果	1,1
13	0	加拿大	9,3

图 13-15

③通过降序排序，可以看出俄罗斯的河流总长度第一，如图 13-16 所示。

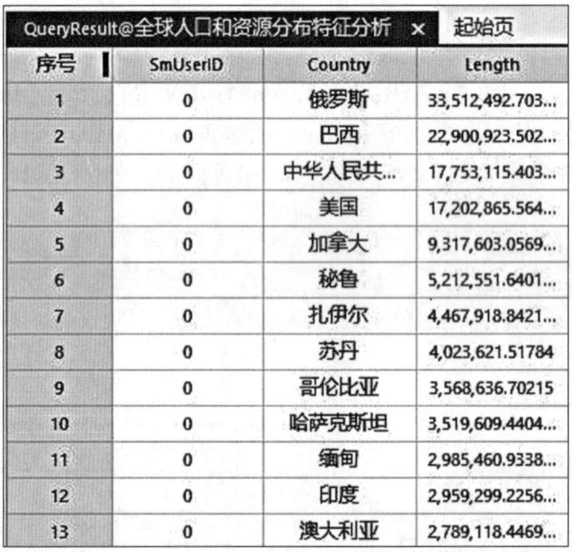

序号	SmUserID	Country	Length
1	0	俄罗斯	33,512,492.703...
2	0	巴西	22,900,923.502...
3	0	中华人民共...	17,753,115.403...
4	0	美国	17,202,865.564...
5	0	加拿大	9,317,603.0569...
6	0	秘鲁	5,212,551.6401...
7	0	扎伊尔	4,467,918.8421...
8	0	苏丹	4,023,621.51784
9	0	哥伦比亚	3,568,636.70215
10	0	哈萨克斯坦	3,519,609.4404...
11	0	缅甸	2,985,460.9338...
12	0	印度	2,959,299.2256...
13	0	澳大利亚	2,789,118.4469...

图 13-16

3) 陆地面积统计

在本实验中陆地面积是指除去湖泊的面积，主要利用面数据擦除叠加分析和 SQL 查询来获得面积分布的结果。

具体操作步骤如下：

(1) 叠加分析。

① 在【空间分析】选项卡的【矢量分析】组中，单击【叠加分析】按钮下拉箭头，在弹出的菜单中选择【擦除】命令按钮。

② 在弹出的【擦除】对话框中，设置相关参数。

③ 以面数据集<World>作为源数据，将面数据集<Lakes>作为叠加数据进行擦除叠加，如图 13-17 所示。

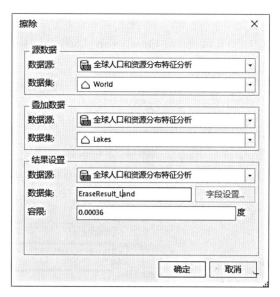

图 13-17

④ 点击【确定】，执行操作。

⑤ 分析结果：在工作空间管理器中，双击左键将叠加分析结果数据集<EraseResult>添加到地图窗口中显示，查看各个国家去掉湖泊的陆地面积汇总，如图 13-18 所示。

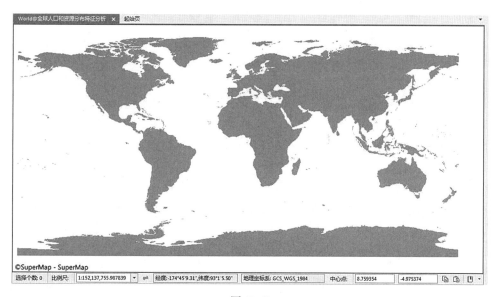

图 13-18

237

（2）SQL 查询。

对去掉湖泊的各个国家陆地总面积进行 SQL 查询，具体操作步骤如下：

① 在【空间分析】选项卡的【SQL 查询】组中，单击【SQL 查询】按钮，弹出【SQL 查询】对话框。

② 在【SQL 查询】对话框中，查询模式选择【查询属性信息】。

③ 查询字段设置为：

【EraseResult_Land.COUNTRY，Sum(EraseResult_Land.SmArea) as Area】；分组字段选择【EraseResult_Land.COUNTRY】。

④ 勾选【保存查询结果】，设置结果数据源和数据集，如图 13-19 所示。

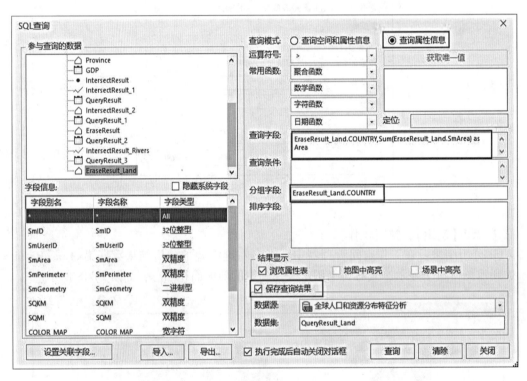

图 13-19

SQL 查询结果：

① 在工作空间管理器中，双击打开查询结果数据集。

② 选中字段< Area >，右键点击降序，如图 13-20 所示。

③ 通过降序排列，可以看出俄罗斯是陆地(除去湖泊)面积最大的国家，我国位居第四，如图 13-21 所示。

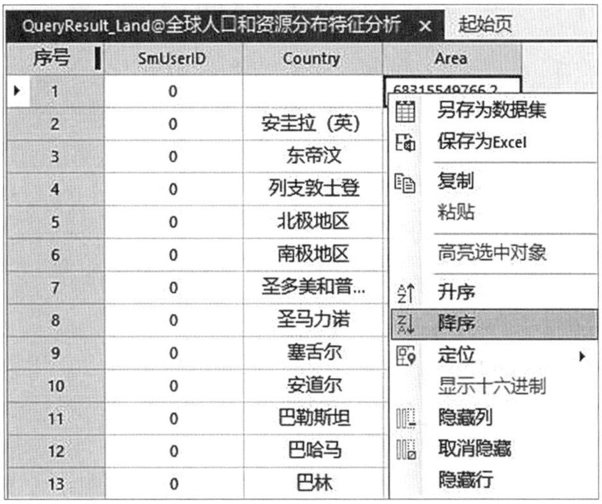

图 13-20

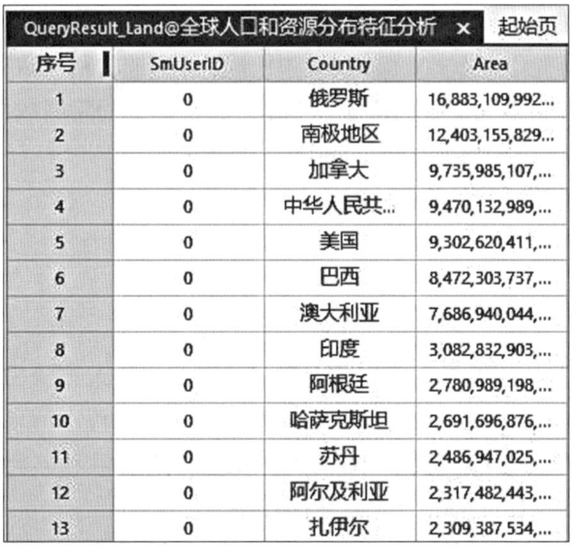

图 13-21

(五) 拓展练习

(1) 利用首都点数据和国家面数据【求交】叠加分析统计首都和各国人口数。

(2) 利用湖泊面数据和国家面数据【求交】叠加分析统计各国湖泊分布情况；SQL 查询湖泊总面积。

二、选址规划

(一)实验目的

(1)理解网络分析中【距离】的内涵。
(2)了解选址分析中各个参数的含义及其在选址中的作用。
(3)掌握不同的选址模式在解决设施选址问题中的应用条件。

(二)实验内容

(1)完成超市选址。
(2)完成医院选址。
(3)完成银行选址。

(三)实验数据

(1)实验数据\实验十三\<Network1>：用于超市选址的路网数据；
(2)实验数据\实验十三\<Network2>：用于医院选址的路网数据；
(3)实验数据\实验十三\<Network3>：用于银行选址的路网数据；
(4)实验数据\实验十三\<Supermarket>：超市数据；
(5)实验数据\实验十三\<Hospital>：医院数据；
(6)实验数据\实验十三\<Bank>：银行数据。

(四)实验步骤

普通选址过程需要使用者指定候选集合数目，算法以最大覆盖为条件进行求解；最少中心点模式不需要制定候选集合数目，算法以全部覆盖为条件进行求解。

超市选址利用网络分析中的选址分区功能，设置【期望中心点数】，使用【普通模式】从备选超市中挑选新增超市位置，并得到覆盖情况。

医院选址利用网络分析中的选址分区功能，使用【最少中心点模式】从备选医院中挑选新增医院位置，并得到覆盖情况。

1)超市选址(选址分区普通模式)

普通模式选址过程需要使用者指定候选集合数目，算法以最大覆盖为条件进行求解。

(1)查看网络数据。

在工作空间管理器中，双击将网络数据集<Network1>添加到地图窗口中进行查看，如图13-22所示。

(2)设置分析点计算分析结果。

具体操作步骤如下：

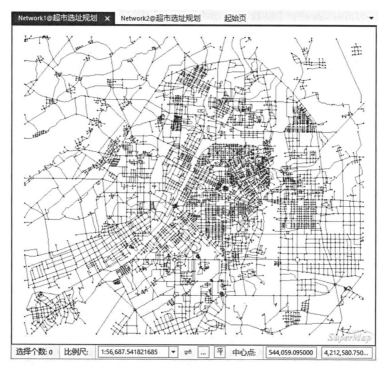

图 13-22

① 单击【交通分析】选项卡的【路网分析】组按钮下拉箭头，在弹出的菜单中选择【选址分区】命令按钮，在右侧显示【实例管理】和【环境设置】对话框，如图 13-23 所示为【实例管理】窗口，图 13-24 为【环境设置】窗口。

图 13-23

图 13-24

② 在【实例管理】窗口中，选中中心点节点，右键打开【中心点管理】。
③ 在弹出的【中心点管理】窗口中，单击【导入】按钮，如图 13-25 所示。

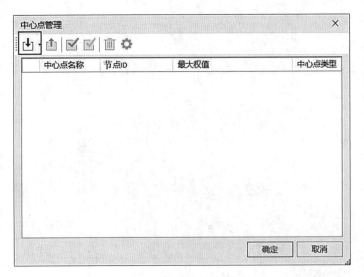

图 13-25

④ 在【导入节点】窗口中，源数据选择数据集＜SuperMarket＞，中心点名称选择【CenterName】，单击【确定】，如图 13-26 所示。

图 13-26

⑤ 选择数据集后,在【中心点管理】对话框中显示对应信息,单击【确定】,如图13-27所示。

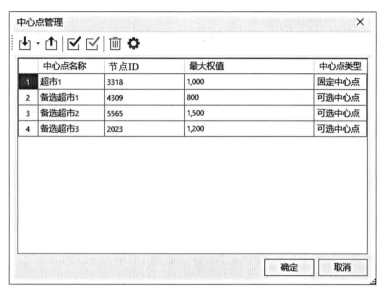

图 13-27

(3)超市选址分区参数设置。

具体操作步骤如下:

① 在【实例管理】窗口中单击【参数设置】按钮,如图 13-28 所示。

图 13-28

② 在【选址分区参数设置】对话框中,将期望中心点数设置为 2,如图 13-29 所示。

图 13-29

③ 在【实例管理】窗口中单击【执行】按钮，如图 13-30 所示。

图 13-30

④ 超市选址分区结果：结果为两个中心点的覆盖范围，其中包括一个固定中心点和一个可选中心点。由于已知超市最大权值为 1000，而最大权值表示从中心点出发可以达到或者以中心点为目的地能达到的最大的耗费，同时选址分区的结果是为了保证分析结果的覆盖面最大，所以经过计算，得到添加备选超市 2 覆盖面最大，如图 13-31 所示。

2）医院选址（选址分区最少中心点模式）

最少中心点模式不需要制定候选集合数目，算法以全部覆盖为条件进行求解。

（1）查看网络数据。

具体操作步骤如下：

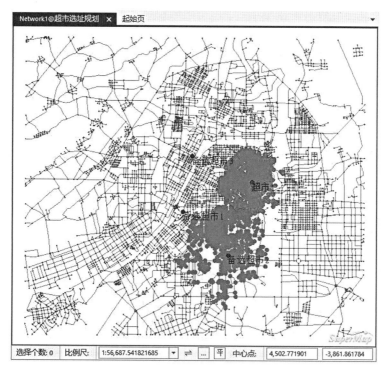

图 13-31

①在工作空间管理器中,双击左键将网络数据集<Network2>添加到地图窗口中进行查看,如图 13-32 所示。

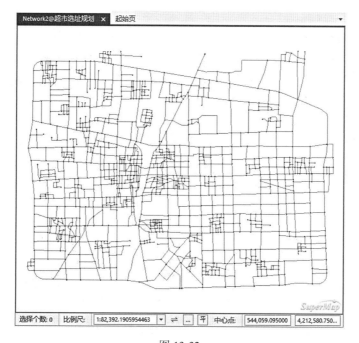

图 13-32

245

(2)设置分析点计算分析结果。

具体操作步骤如下：

① 单击【交通分析】选项卡的【路网分析】组按钮下拉箭头，在弹出的菜单中选择【选址分区】命令按钮，在右侧显示【实例管理】和【环境设置】对话框，如图 13-33 所示为【实例管理】窗口，图 13-34 为【环境设置】窗口。

图 13-33

图 13-34

② 在【实例管理】窗口中，选中中心点节点，右键打开【中心点管理】。

③ 在弹出的【中心点管理】窗口中，点击【导入】按钮，如图 13-35 所示。

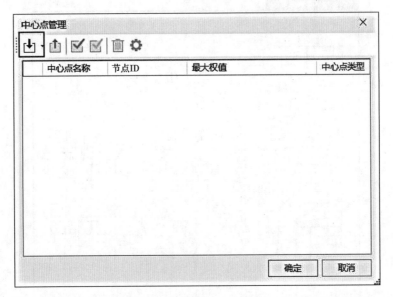

图 13-35

④ 在弹出的【导入节点】窗口中，源数据选择数据集<Hospital>，中心点名称选择【CenterName】，单击【确定】，如图 13-36 所示。

图 13-36

⑤ 选择数据集后，在【中心点管理】对话框中显示对应信息，单击【确定】，如图13-37所示。

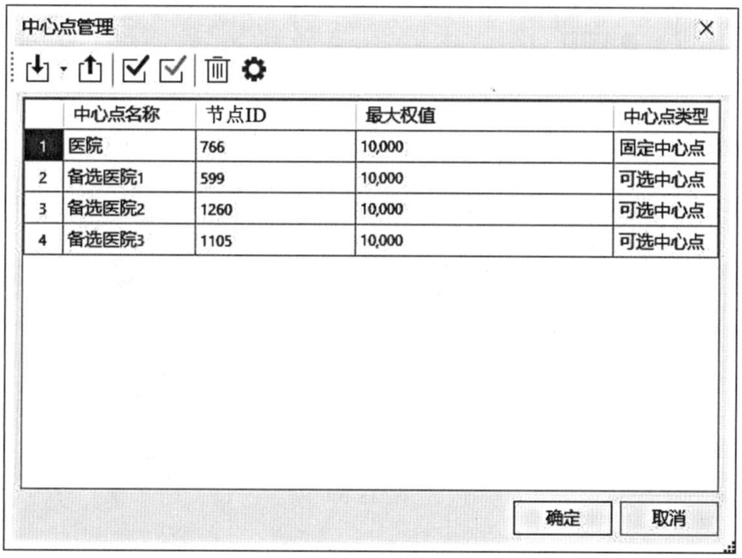

图 13-37

(3)医院选址分区参数设置。
具体操作步骤如下：
① 在【实例管理】窗口中点击【参数设置】按钮，如图13-38所示。

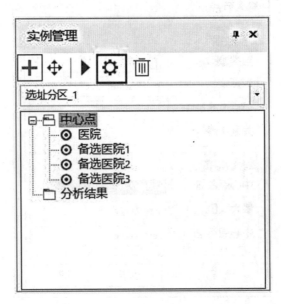

图13-38

② 在【选址分区参数设置】对话框中，勾选【最少中心点模式】，如图13-39所示。

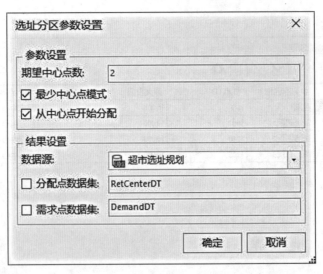

图13-39

③ 在【实例管理】窗口中点击【执行】按钮，如图13-40所示。

图 13-40

④ 医院选址分区结果：用最少的点实现全部的网络覆盖。结果医院和备选医院 1 可将全部网络覆盖，如图 13-41 所示。

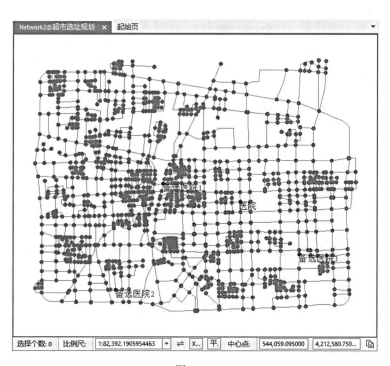

图 13-41

(五) 拓展练习

利用<Network3>(用于银行选址的路网数据)和<Bank>(银行数据)用于银行选址。

三、海域表面温度插值与时空特征分析

(一) 实验目的

(1) 了解不同空间插值方法的适用条件。
(2) 掌握克里金插值方法的步骤。
(3) 理解不同插值方法的异同。

(二) 实验内容

(1) 对样本数据特征进行分析,检测数据分布规律和异常值。
(2) 利用克里金插值方法对海域表面温度进行插值。
(3) 根据插值结果,分析海域表面温度时空分布规律。

(三) 实验数据

(1) 实验数据\实验十三\<SST>:海洋表面温度数据;
(2) 实验数据\实验十三\<Land>:中国陆地数据;
(3) 实验数据\实验十三\<sea>:海域表面;
(4) 实验数据\实验十三\<seedeeppoly>:海域等深面;
(5) 实验数据\实验十三\<50myiwaisea>:大于50m海域表面。

(四) 实验步骤

数据分析:根据样本数据条件选用普通克里金插值方法,并且用栅格直方图检查数据的分布特征,是否存在异常值以及进行趋势分析,查看是否满足普通克里金插值方法的适用条件。

插值分析:选择普通克里金的插值方法得到栅格数据集,并将插值结果裁剪为海域表面栅格,提取等温线数据,采用专题图的方式更加清晰地表现海域表面温度的分布规律。

普通克里金插值是克里金方法中的一种,它不仅可以生成一个表面,还可以给出预测结果的精度或者确定性的度量。因此,此方法计算精度较高,是最稳健和常用的方法。

1) 数据分析

数据分析是用来检查数据是否有误,查看数据的分布特征和分布规律,这是进行空间插值的必要环节。

(1) 数据分布。

使用数据直方图分析法,制作1月海洋表面平均温度直方图。

具体操作步骤如下:

① 在【空间分析】选项卡的【栅格分析】组中,选择【直方图】命令按钮,弹出【直方图】对话框。
② 在【直方图】对话框中,设置相关参数,如图13-42所示。
③ 源数据选择数据集<SST>,字段选择【Jan】表示1月海洋平均温度。
④ 段数设置为10,即将直方图温度分成10级,每一级别中的数量利用每个直方条柱的高度表示。

⑤ 变换函数默认为【None】。

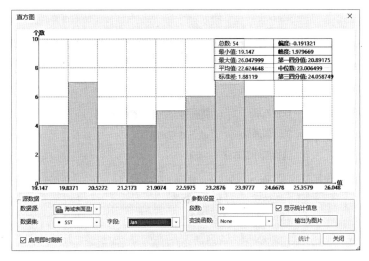

图 13-42

（2）异常值检查。

异常值判别方式：如果在直方图的最左侧或最右侧存在孤立条带，表明这个条带所表示的点可能是异常值，该条带越孤立于直方图的整体趋势，对应点是异常值的概率就越大，同时通过查看其周边数据点的数值情况（是否与周边点存在显著差异）来最终确定是否为异常点。

查看本数据直方图，如图 13-42 中没有发现异常值情况。

（3）趋势分析。

制作 1 月海洋表面平均温度三维柱状统计专题图。

具体操作步骤如下：

① 在【图层管理器中】选中数据集<SST>，右键选择【制作专题图】。

② 在【制作专题图】对话框中，选择统计专题图中的三维柱状图，如图 13-43 所示。

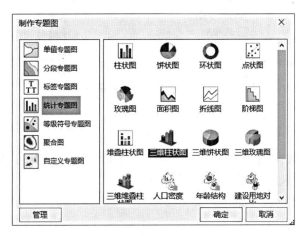

图 13-43

③ 在右侧弹出的【专题图】对话框中，表达式选择【Jan】字段，如图 13-44 所示。

图 13-44

④ 在【高级】选项卡中取消勾选【全局统计值】，最大显示值设置为【2】，最小显示值设置为【0】，如图 13-45 所示。

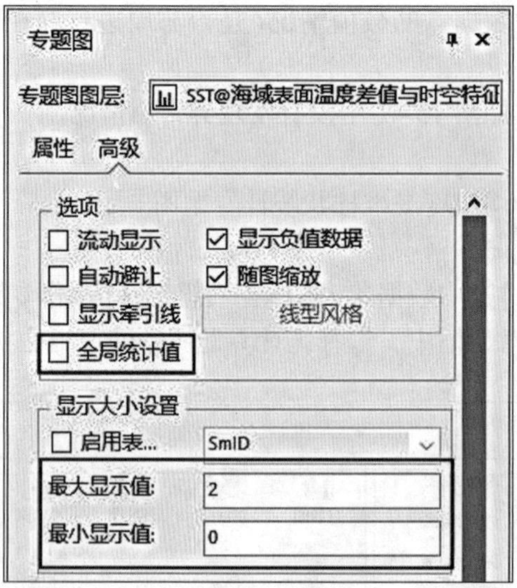

图 13-45

⑤ 在【地图】选项卡的【属性】组中，选择【地图属性】命令按钮，在右侧弹出【地图属性】对话框，勾选【显示压盖对象】，如图 13-46 所示。

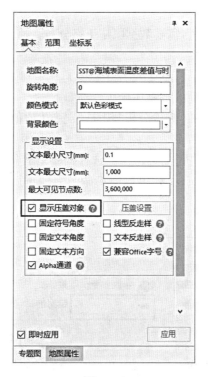

图 13-46

⑥ 专题图分析：统计图结果如图 13-47 所示，1 月海域温度由西北向东南方向递增。

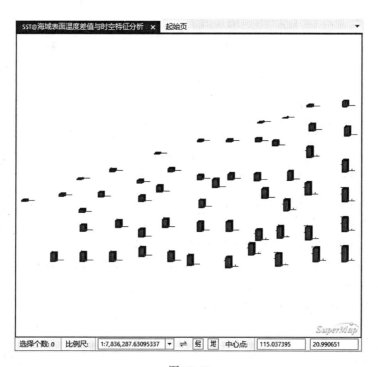

图 13-47

2)插值分析

采用普通克里金插值方法,需要数据服从正态分布,插值后结合专题图直观呈现,用作时空特征分析。

(1)普通克里金插值。

对<Jan>字段进行克里金插值。具体操作步骤如下:

① 在【空间分析】选项卡的【栅格分析】组中,选择【插值分析】命令按钮,弹出【栅格插值分析】对话框。

② 在弹出的【栅格插值分析】对话框中,选择普通克里金插值。

③ 插值字段选择字段<Jan>,结果数据集命名为【Jan】,单击【下一步】,如图 13-48 所示。

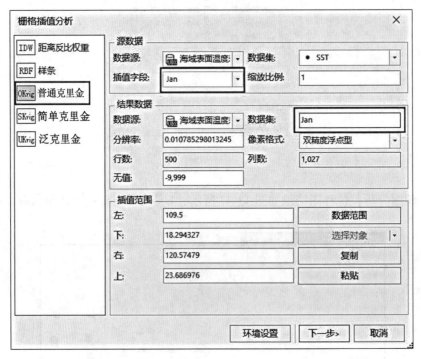

图 13-48

(2)普通克里金插值参数设置。

① 在【普通克里金】对话框中,查找方式选择【变长查找】。

② 最大半径设置为【0】(即不限制最大查找半径)。

③ 查找点数设置为【12】(即使用最近的 12 个采样点进行插值计算),如图 13-49 所示,参数设置完毕,单击【完成】按钮。

④ 获取插值栅格结果,如图 13-50 所示。

(3)海域表面。

具体操作步骤如下:

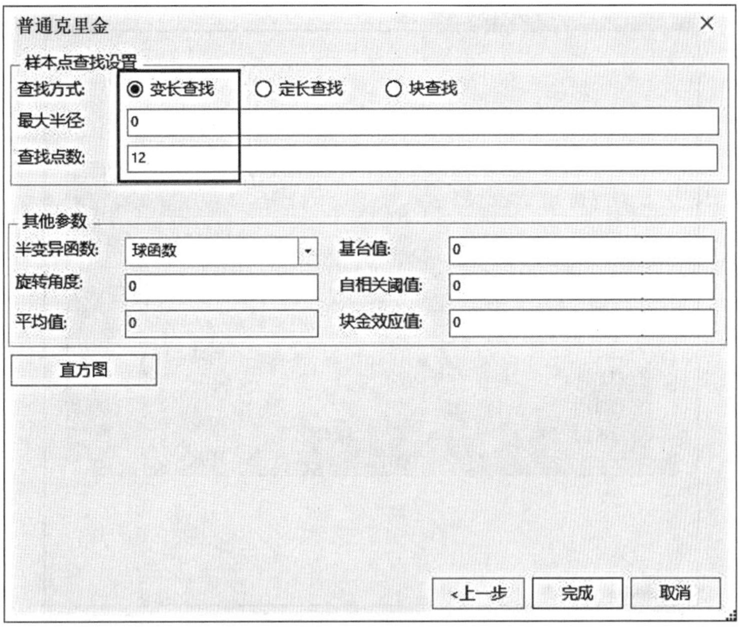

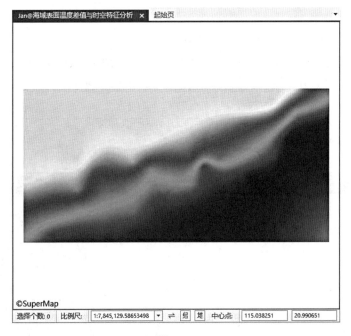

图 13-49

图 13-50

① 在工作空间管理器中,将栅格数据集<Jan>和面数据集<sea>添加到同一地图窗口中显示,如图 13-51 所示。

② 在【地图】选项卡的【操作】组中,选择【地图裁剪】下拉按钮,选择【选中对象区域

255

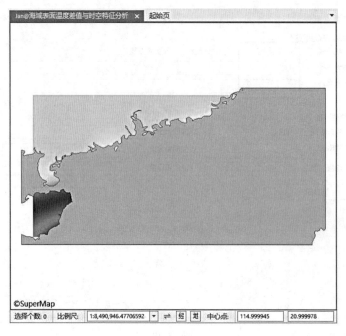

图 13-51

裁剪】命令按钮。

③ 在地图窗口中选中面对象，单击右键结束。

④ 在弹出的【地图裁剪】对话框中，裁剪数据只保留栅格数据集<Jan>。目标数据集命名为【Jan_Clip】，裁剪方式设置为【区域内】，如图 13-52 所示。

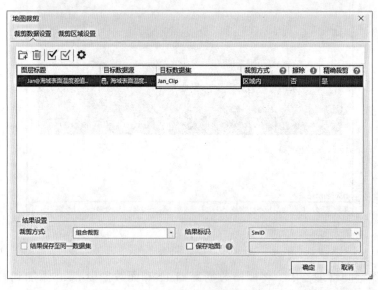

图 13-52

⑤ 插值栅格裁剪结果，如图13-53所示。

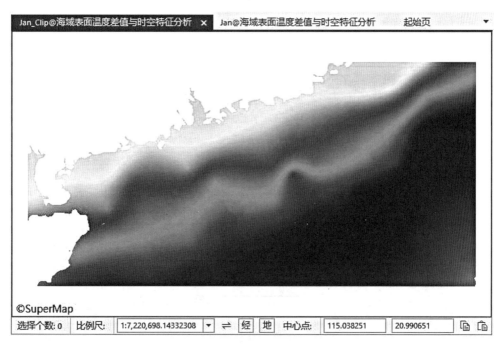

图 13-53

(4) 等温线提取。

具体操作步骤如下：

① 在【空间分析】选项卡的【栅格分析】组中，选择【表面分析】下拉按钮，选择【提取指定等值线】命令按钮。

② 在弹出的提取指定等值线对话框中设置相关参数。

③ 源数据选择<Jan_Clip>，目标数据命名为【Jan_IsoLine】。

④ 点击【批量添加】按钮，在弹出的对话框中，起始值设置为【18.5】，终止值设置为【26.5】，等值距设置为【0.5】，等值数设置为【17】，如图13-54所示。

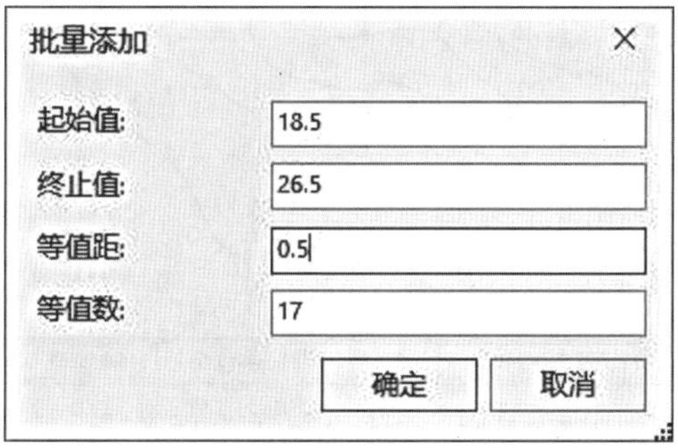

图 13-54

⑤ 批量添加，如图 13-55 所示。

图 13-55

⑥ 等温线提取结果，如图 13-56 所示。

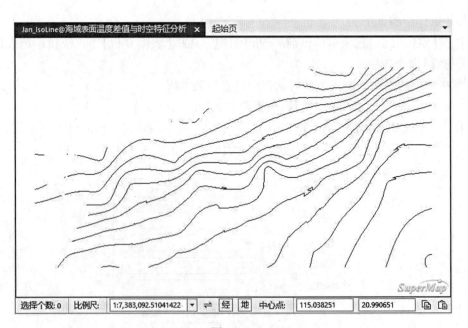

图 13-56

(5)制作专题图(一)。

① 在工作空间管理器中,将栅格数据集<Jan_Clip>和线数据集<Jan_IsoLine>添加到同一地图窗口中显示,如图13-57所示。

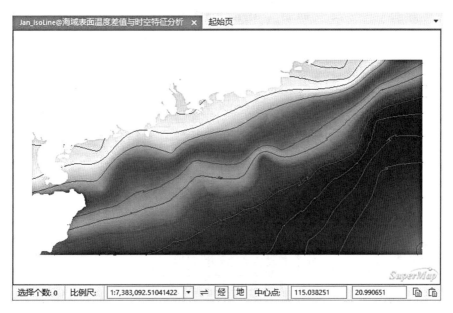

图 13-57

② 在图层管理器中选中<Jan_Clip>,右键选择【制作专题图】。

③ 在【制作专题图】对话框中,选择栅格分段专题图中的默认风格,如图13-58所示。

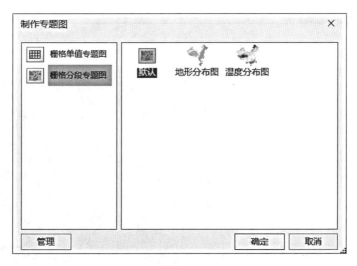

图 13-58

④ 在【专题图】对话框中,分段方法选择【等距分段】;段数设置为【8】,段标题格式选择【0<=X<=100】;段值分别设为【20、21、22、23、24、25、26】,如图13-59所示。

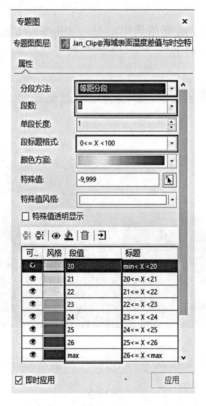

图 13-59

⑤ 专题图结果显示如图 13-60 所示。

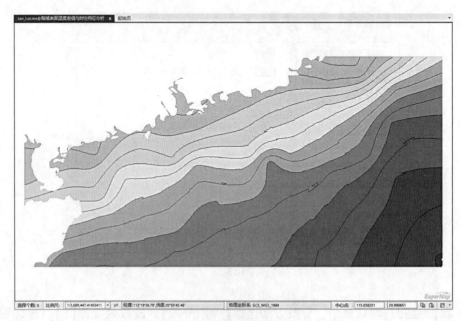

图 13-60

(6)制作专题图(二)。

① 在工作空间管理器中,将栅格数据集<Jan_Clip>和线数据集<Jan_IsoLine>添加到同一地图窗口中显示,如图 13-57 所示。

② 在图层管理器中选中<Jan_IsoLine>,单击右键选择【制作专题图】,在【制作专题图】对话框中,选择统一风格的标签专题图,如图 13-61 所示。

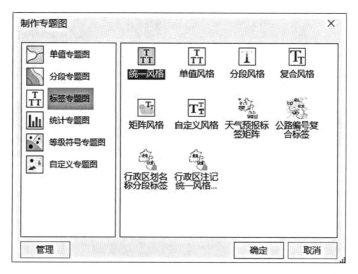

图 13-61

③ 在弹出的【专题图】对话框中,标签表达式选择字段【dZvalue】,如图 13-62 所示。

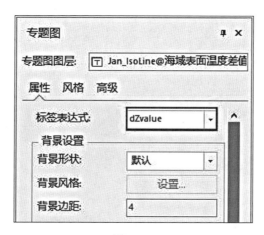

图 13-62

④ 由专题图结果可以看出,海域温度是由西北到东南递增的,与插值点相吻合,如图 13-63 所示。

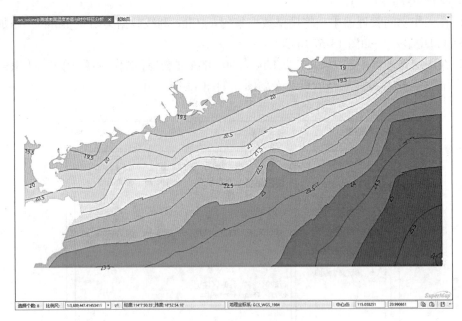

图 13-63

(五) 拓展练习

利用其他插值方法对海域表面温度进行插值,并根据插值结果,分析海域表面温度的时空分布规律。

参 考 文 献

[1] 汤国安,杨昕,等.ArcGIS 地理信息系统空间分析实验教程[M].第2版.北京:科学出版社,2012.

[2] 郑春燕,邱国锋,张正栋,等.地理信息系统原理应用与工程[M].武汉:武汉大学出版社,2011.

[3] 宋小冬,钮心毅.地理信息系统实习教程[M].第3版.北京:科学出版社,2013.

[4] 吴静,李海涛,何必.ArcGIS 9.3 Desktop 地理信息系统应用教程[M].北京:清华大学出版社,2011.

[5] 吴秀芹,张洪岩,等.ArcGIS 9 地理信息系统应用与实践(上下册)[M].北京:清华大学出版社,2007.

[6] 段拥军,杨位飞.地理信息系统实训教程[M].北京:北京理工大学出版社,2013.

[7] 陆守一.地理信息系统实用教程[M].北京:中国林业出版社,2000.

[8] 罗年学,陈雪丰,虞晖,等.地理信息系统应用实践教程[M].武汉:武汉大学出版社,2010.

[9] 张正栋,胡华科,钟广锐,等.SuperMap GIS 应用与开发教程[M].武汉:武汉大学出版社,2006.

[10] 陈述彭,鲁学军,周成虎.地理信息系统导论[M].北京:科学出版社,1999.

[11] 龚健雅.当代 GIS 若干理论与技术[M].武汉:武汉测绘科技大学出版社,1999.

[12] 胡鹏.当代地理信息系统教程[M].武汉:武汉大学出版社,2001.

[13] 黄杏元.地理信息系统概论[M].北京:高等教育出版社,2001.

[14] 李德仁,龚健雅,边馥苓.地理信息系统导论[M].北京:测绘出版社,1993.

[15] 刘南.地理信息系统[M].北京:高等教育出版社,2002.

[16] 刘耀林.地理信息系统[M].北京:中国农业出版社,2004.

[17] 汤国安.地理信息系统原理和技术[M].北京:科学出版社,2004.

[18] 邬伦,刘瑜,张晶,等.地理信息系统——原理、方法与应用[M].北京:北京大学出版社,2001.

[19] 吴立新.地理信息系统原理与方法[M].北京:科学出版社,2003.

[20] 吴信才.地理信息系统原理与方法[M].北京:电子工业出版社,2002.

[21] 朱光,赵西安,靖常峰.地理信息系统原理与应用[M].北京:科学出版社,2010.

[22] 刘美玲,卢浩.GIS 空间分析实验教程[M].北京:科学出版社,2016.